U0259522

河北省工程勘察设计行业领军人才丛书——2022 年卷

河北省工程勘察设计咨询协会 主编

天津大学出版社

编委会

主编单位：河北省工程勘察设计咨询协会

承编单位：河北建筑设计研究院有限责任公司

参编单位：北方工程设计研究院有限公司

　　　　　中土大地国际建筑设计有限公司

　　　　　中冀建勘集团有限公司

　　　　　九易庄宸科技（集团）股份有限公司

　　　　　河北省水利规划设计研究院有限公司

　　　　　河北大成建筑设计咨询有限公司

　　　　　河北拓朴建筑设计有限公司

　　　　　保定市建筑设计院有限公司

　　　　　中国石油天然气管道工程有限公司

　　　　　石家庄市政设计研究院有限责任公司

　　　　　张家口市金石岩土工程技术有限公司

　　　　　河北中核岩土工程有限责任公司

　　　　　河北汇智电力工程设计有限公司

　　　　　河北惠宁建筑标准设计有限公司

主　　编：王增文　郭卫兵

副 主 编：卫　丽　孙伟娜　郝婷婷

参编人员：张　倩　李怡霖　孔　翀　孟　珍　鲁晓宁　乔　晨

　　　　　张平平　梁明金　高署妹　崔　冰　张立哲　霍志英

　　　　　张　乾　赵彭辉　迟晓夫

前言

工程勘察设计作为技术密集型的生产性服务行业，在工程建设项目的决策和实施过程中发挥着至关重要的作用，是提高投资效益、推动节能减排、保护生态环境、确保工程质量和安全的关键环节。

河北省委、省政府非常重视工程勘察设计行业的发展。2009 年中华人民共和国成立 60 周年之际，经河北省委、省政府批准，河北省住房和城乡建设厅、河北省人力资源和社会保障厅联合组织评选出河北省第一批工程勘察设计大师，其中包含工程勘察大师 10 名、工程设计大师 10 名、建筑大师 5 名；2013 年评选出工程设计大师 10 名，其中包含结构、工业、机电、设备四个专业的人才；2017 年又评选出工程勘察设计大师 10 名，其中包含工程勘察大师 2 名、建筑大师 3 名、工程设计大师 5 名；2019 年再次认定工程勘察设计大师 10 名，其中包含工程勘察大师 3 名、建筑大师 3 名、工程设计大师 4 名；2022 年又认定 20 名河北省工程勘察设计行业领军人才。河北省工程勘察设计行业领军人才的评审条件、评审规则和程序与往年工程勘察设计大师相同，只是名称不同。至此，河北省工程勘察设计大师已经达到 75 名。

为展现河北省工程勘察设计大师的风采，同时也让全国同行了解河北，力促河北省工程勘察设计大师走出河北、走向全国，2018 年，河北省工程勘察设计咨询协会组织出版了《河北省工程勘察设计大师丛书》。丛书共分四卷，即《勘察卷》《建筑卷》《结构卷》《交通、水利、煤炭、设备卷》。2021 年又出版了《河北省工程勘察设计大师丛书》的增补卷《2019 年卷》，收录了 2019 年认定的 10 位工程勘察设计大师的基本情况、成长经历、突出业绩等内容。

今年经河北省工程勘察设计咨询协会会长办公会和常务理事会研究决定，继续编辑出版《河北省工程勘察设计行业领军人才丛书》。"河北省工程勘察设计行业领军人才丛书"委托天津大学出版社编辑出版，延续了先进性、真实性原则。本书每位领军人才的材料均由本人提供，并经过所在单位审核。这 20 名领军人才在各自的工作岗位上都取得了骄人业绩，无论学术和技术水平、执业操守、敬业精神，还是严谨的工作作风，都是广大工程技术工作者学习的楷模。

本书由河北建筑设计研究院有限责任公司负责资料收集，他们做了大量细致的工作，在此，我代表河北省工程勘察设计咨询协会对他们付出的辛苦劳动表示崇高的敬意和感谢。

河北省工程勘察设计行业领军人才和工程勘察设计大师一样，既是一份荣誉，更是一份责任。责任与荣誉同在，盛名之下理应做出表率。希望各位大师不忘初心、牢记使命，为河北乃至全国工程勘察设计行业的技术进步与发展做出贡献。

希望全省工程勘察设计行业技术人员以他们为榜样，深入贯彻落实新发展理念，勇于创新、敢于实践，不断提升我省工程勘察设计水平，为新时代全面建设经济强省、美丽河北做出新的更大贡献。

梁金国

2023 年 9 月

目录

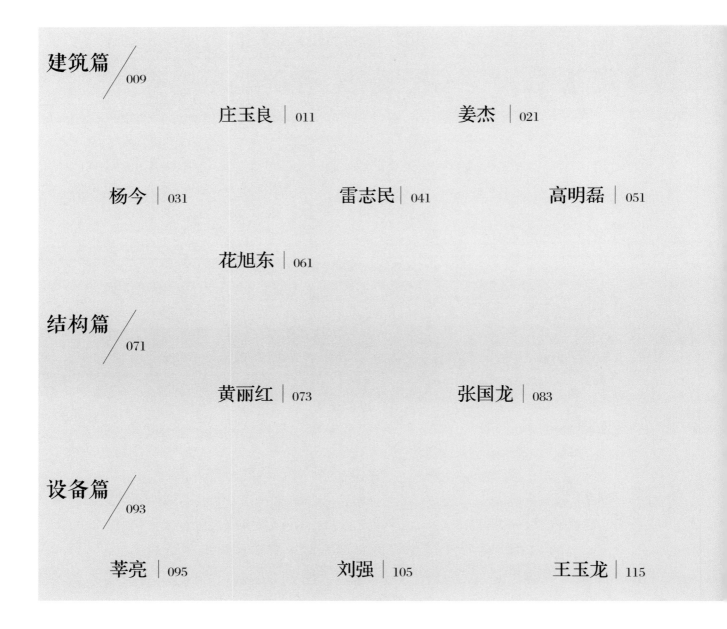

建筑篇

庄玉良

1964年出生，河北建筑设计研究院有限责任公司建筑专业总建筑师，1987年毕业于重庆建筑工程学院（现重庆大学）建筑学专业，毕业至今一直从事建筑设计及建筑技术研究工作，主要工作成果有：石家庄人民广场、上海黄浦新苑（上实花苑小区）、石家庄裕华万达广场商业综合体、石家庄华润中心、石家庄综合商务中心（石家庄行政中心）、河北科技大学核心区（图书馆、教学楼、行政楼、讲堂楼）、河北报业大厦等。多项设计获国家级、省部级优秀设计奖。

社会任职

河北省建筑防水协会防水专项设计委员会主任、河北省工程勘察设计咨询协会消防技术工作委员会副主任、河北省地下空间及人民防空技术委员会副主任、石家庄市工程勘察设计咨询业协会消防技术委员会副主任、河北省城市科学研究会绿色建筑与低碳生态城市委员会委员、河北省绿色建筑产业技术研究院专家咨询委员会委员、河北省装配式建筑专家委员会委员、河北省住房和城乡建设厅建设工程消防技术专家委员会成员。

主持工程设计情况及荣誉

"河北省方舱医院建筑技术应用研究"荣获2022年河北省建设行业科学技术进步奖一等奖；石家庄人民广场项目荣获2006年全国优秀工程勘察设计行业奖三等奖，2003年河北省优秀工程设计一等奖；上海黄浦新苑（上实花苑小区）项目荣获国家2000年小康型城乡住宅科技产业工程项目优秀奖；石家庄裕华万达广场商业综合体项目荣获2013年河北省优秀工程设计一等奖；河北石家庄天山海世界改扩建工程荣获2018年河北省优秀工程设计一等奖。

学术科研成果

作为主要起草人编制的标准及学术研究有：《方舱医院建筑技术应用研究》、河北省工程建设标准《装配式混凝土剪力墙结构建筑与设备设计规程》DB13(J)/T180—2015、河北省工程建设标准《疫情防控应急医疗建筑设计标准》DB13(J)/T8447—2021、河北省工程建设标准《方舱医院建筑设计标准》DB13(J)/T8399—2021、河北省工程建设导则《集中隔离医学观察场所建设设计导则（试行）》、河北省工程建设标准《民用建筑太阳能热水系统一体化技术规程》DB13(J)77—2009、《河北省既有建筑改造利用消防设计审查导则》（试行）。《河北省磁县六和工业有限公司工矿棚户区项目可行性研究报告》荣获2013年河北省优秀可研报告一等奖。

单位评价

庄玉良，正高级工程师，国家一级注册建筑师，现担任河北建筑设计研究院有限责任公司建筑专业总建筑师。该同志爱岗敬业、遵纪守法、职业品德优秀，工作以来一直从事建筑设计和技术研究工作，具有扎实的专业知识和精湛的技术水平，大型工程设计经验丰富，有解决复杂关键技术问题的能力，主持负责或技术指导设计百余项大型工程，为河北省建筑行业做出了积极的贡献。该同志基础理论扎实，善于研究，主持编制了大量科学技术研究、标准，涉及医疗、消防、节能、装配式等方向。

建筑学一直在路上

当年高考后报志愿时我才感觉到很茫然，之前光顾着准备高考了，从未思考过专业问题。恰在此时，我得知一个消息，让我有了方向——我们中学的一个师兄刚从重庆建筑工程学院（简称重建工）工民建专业毕业就去了国外参加建设。那个年代走出国门还是件新鲜事，非常诱人。于是我第一志愿就坚定地报了重建工的工民建专业。报完志愿我就开始研究什么是工民建专业，研究后我觉得还好我数学尚可，估计能应付复杂的结构计算。直到收到大学录取通知书我才发现被该校的建筑学专业录取了，就这样误打误撞学了建筑学。为什么会被建筑学录取，大学报到后我才明白，原来高中班主任的一句"填表特长一栏不要空着"改变了我一生的职业走向。这时我对于"建筑学"还一无所知，但当我走进了建筑系教学大楼，看到墙上的各种学生作业彩图、模型室里各种学生作业，我突然感到建筑学才是我喜欢的，很幸运，我爱上了建筑学。

入校第一堂培训课由已逾古稀之年的唐璞教授为我们讲述他的建筑人生和感悟，他谈了对我们的期许及中肯的告诫，让我第一次对建筑学有了清晰的认识：要热爱建筑学，要有团队合作的意识，要有开阔的视野，要有缜密的思维，要有吃苦的精神，还要有被误解的准备。后来翻看《建筑师》杂志我才发现唐璞教授居然是该杂志推介近现代知名建筑师专栏里第一个被介绍的。

刚入学时重庆的火热、重庆的麻辣、重庆的"普通话"让我难以招架，好在重建工建筑学的教学方式活泼有趣、学风严格但不死板。重建工建筑学教学很重视开拓学生的视野，毕业参观实习时系里给每人发了 200 元的补助费。这在 20 世纪 80 年代中期是难得的，要知道我参加工作后工资才 70 元。我所在的旅馆设计作业组去了成都、广州、深圳等大城市进行了参观。当时国内最高的建筑——深圳国贸中心（建筑高度 150 米）也留下了我的身影。我们还顺便游览了桂林漓江山水、贵州黄果树瀑布等不少名胜。来自 20 多个省市的同学们因建筑学聚在了一起，大家相互帮助、相互学习，这对我之后的工作风格的形成起了很大作用，感谢重建工！

1987 年那个炎热的夏天，我拿到报到证就马不停蹄直奔石家庄，冲进了河北省建筑设计院（简称省院）——一栋 4 层砖混小楼。石家庄对于我来说是完全陌生的。那时的石家庄还能依稀看到"庄"的模样，街道两侧多是四五层清水砖墙小楼，傲立在市中心（中山路和建设大街交叉口）的 12 层燕春饭店是石家庄的标志性建筑。从燕春饭店骑自行车沿建设大街南行 10 分钟就沉浸于鸡鸣犬吠中了。

1987 年我院接到了石家庄市有史以来最为高大、复杂的综合性建筑——石家庄劝业场的设计任务，施工图设计由知名建筑师（后当选深圳市勘察设计行业首届有卓越贡献的资深建筑专家）、省院副院长兼总建筑师徐显堂先生担任项目负责人，由建筑、给排水、暖通、电气各专业技术带头人担任专业负责人，举全院之力，攻坚克难。劝业场建成时举"庄"轰动，石家庄有了城市的模样！我也幸运地为其画了两张小图。从此河北省建筑业开始腾飞，彻底摆脱了前辈建筑师几十年基本都处于设计低、多层建筑的状况。1991 年我完成了自己的第一个高层作品——藁城技经委综合大楼。作为这个项目的方案设计人和建筑专业负责人，每每回想起当时的设计过程我都感慨颇多，那真是硬着头皮一点一点往前拱，在同志们的热情帮助、精心指导下我顺利完成了任务。1993 年我完成了第一个大型商业作品——石家庄商业服务大楼（现新百广场电子商城），我承担了建筑设计方案和设计总负责人的职责。或许是因为我连续做了几个大型建筑的施工图设计，领导一直没给我安排当时大量建设的多层住宅设计。如今 30 多年过去了，我依然没有负责设计过多层住宅施工图，这也是我的建筑生涯的一个遗憾。

1994 年，我奔赴上海分院，第一次有了和国内知名大院合作的经历。上海华鑫大厦建筑方案创作单位为上海建筑设计院，我院负责初步设计及施工图设计，有 7 年工作经验的我有幸被任命为此次设计的总负责人。作为中国对外开放的前沿窗口，上海率先融入了国际圈，上海建筑设计院已做过很多超大型复杂项目设计，其经验丰富，视野开阔，工作思路清晰，工作步骤制度化，这正是我们这些刚走出封闭圈的设计院所欠缺的。通过与上海建筑设计院合作及个人的思考，我有了一套自己的设计思路，为后来一个接一个的大型建筑设计奠定了重要基础。直到现在，我参与项目时还是要先核对最基础的条件：可研报告（不限于使用功能、建设规模、建设投资）、规划条件、总图批复、初步设计批复、人防条件（掩蔽性质、人防类别、人防级别、人防面积、人防位置），还有消防、市政、节能、装配式、交通、环保等要求。

石家庄作为省会城市，当年的商业设施一直较为落后，直到万达广场商业综合体的出现。万达是石家庄引进的第一个知名商业地产，万达广场商业综合体让石家庄人有现代大型综合体的休闲舒适购物体验。2009年万达进军石家庄，我院极为重视。李兆生院长亲自挂帅，由院各专业总工担任技术负责人参与项目的投标、初步设计、施工图设计，本人有幸被任命为技术总负责人。我还是第一次遇到单层40 000多平方米的商业建筑。那时国家规范还没有关于步行街的规定，大家在防火设计上无从下手，这让我认识到大型商业综合体设计中，防火是首要问题，于是对建筑防火有了更深入的研究。后来我也成为河北省公安消防总队消防评审专家、河北省公安消防总队消防救援专家，参与了2022年国家冬奥会、北京大兴机场项目的消防评审。通过万达广场的设计，我对大型商业综合体建筑产生了浓厚兴趣。大型城市综合体建筑功能复杂、空间关系多样，主要功能为商业、餐饮、儿童娱乐、健身、银行、影院及KTV、超市、写字楼、公寓、酒店等，设计难度较大，涉及外装、精装、景观、夜景照明、标识等多个专项设计。我每到一个城市都会抽出时间去实地察看当地的大型商业综合体，分析其设计的成功与不足，这为后来指导我院其他大型商业综合体设计奠定了基础。石家庄的大型商业综合体基本由我把关技术，如华润中心、乐汇城、华强广场、北

国商城、建华城市广场、嘉实广场、天山海世界等。

2019年12月，我国出现新型冠状病毒肺炎患者，后来疫情蔓延至全国。石家庄于2021年1月暴发了严重的新冠肺炎疫情。建设可以实现快速转换、集中隔离、集中收治、区块化管理、标准化治疗、分级转运的隔离场所和方舱医院成了当务之急。石家庄市政府连夜决定建设大型隔离场所——黄庄公寓，设计单位确定了，建设单位进场了，这时才发现没有指导设计和施工的标准。紧急时刻，相关部门把编制河北省《集中隔离医学观察场所建设设计导则（试行）》的任务交给我院，院领导极为重视，把任务分配给建筑、结构、给排水、暖通、电气专业总工。时间紧、任务急，大家都被封控在家，难以找到助手分配任务。作为主要编制人，我组织编制团队连夜奋战，查资料、搞调研，我也24小时未合眼。通过艰苦奋战，我们按时完成了导则的编制，经国家卫生健康委、北京市及河北省的17位专家审查顺利通过，为黄庄公寓顺利建成投入使用提供了技术支撑。为了满足河北省抗击疫情的需要，接下来我又主持编写了河北省工程建设标准《方舱医院建筑设计标准》DB13(J)/T8399—2021、河北省工程建设标准《疫情防控应急医疗建筑设计标准》DB13(J)/T 8447—2021，有力地配合了河北省集中隔离医学观察场所、方舱医院和既有医疗建筑改造为方舱医院的建设。我院也依据这些标准设计了河北省各地数十个集中隔离医学观察场所及方舱医院，包括石家庄收治患者最多的方舱医院——石家庄正定国际会展中心、石家庄市人民医院建华院区。在对编制标准、设计实践进一步研究的基础上，我主持编制了《方舱医院建筑技术应用研究》，该研究获2022年河北省建设行业科学技术进步奖一等奖。

疫情过去了，人们会渐渐淡忘疫情，忘了隔离、静默、方舱、核酸、抗原、封控……这些令人心酸的词，但我对自己那时爆发的活力记忆犹新。虽然没能穿上白大褂奔赴医治患者的前线，但我很自豪地认为我也是一名抗疫战士。

可能是能力有限，或者精力不足，再或视线顾及不

到其他，大学毕业至今，我把工作上的所有精力都放在建筑工程设计技术上了。感谢省院，感谢这个时代，让我有机会心无旁骛、聚精会神几十年做建筑设计技术工作。不过自我反省一下，我做这一件事也没能做得很好，这就是有遗憾的人生吧。在我大学毕业参加工作至今的36年里，设计项目一个接一个从未停歇。完成一个项目或许不难，但要厘清做过的项目就需要锲而不舍的精神了。2011年石家庄万达广场开业时，国内有39座建成的万达广场，现在已建成400多座万达广场，我依然会关注和分析万达的变化及原因，如购物中心客群定位的变化、立面风格的变化、商业动线的变化、平面布局的变化、业态的变化、内外装的变化、层高的变化、夜景照明的变化、导向标识的变化等。从2009年版《万达广场购物中心设计准则》、2011年版《万达购物中心设计准则》，到2020年版《万达广场建造标准》、2021年版《万达广场建造标准》，每更新一个版本我都会将其与旧版对比一下。这对分析国内中端商业发展变化很有益处，比如对比2020年版与2021年版《万达广场建造标准》，可以看出其立面造型变化、场景创新、空间创新、技术创新等内容，进一步向更好的差异化、体验性方向调整。在设计2021年石家庄壹世界购物中心时，规划部门有人提出壹世界购物中心商业层高限制在5米之内，为了说明大型商业建筑层高超过5米是商业运营需要，我当即递交了一个石家庄各大商业建筑的层高清单，最后设计方案得以通过。因为我在关注商业综合体时，不只分析品牌自身的发展变化，同时还对其他商业综合体进行分析比较，之前我就对国内不同知名商业建筑层高有过了解，也对石家庄各大商业建筑层高有所了解，所以能很快列出层高清单。

每个项目设计都要从最基础的条件抓起，越是基础的东西越要一丝不苟，即便后来我不具体画图了，大型项目的竖向设计也要亲自把控。华润中心基地四周市政路最大高差为0.92米，建设单位要求各商业入口为平坡式，通过对场地相邻道路（场地）历史上雨水天积水情况资料分析、场地周边道路标高分析、建筑地上部分污水及

雨水管网接至道路市政接口的标高分析、场地坡度分析、土方平衡分析，我做出了一个大胆的方案：商业入口标高基本与中华大街、中山路交叉口路面标高齐平。现在几乎每年都有极端暴雨天气，这个竖向设计方案经住了考验。石家庄人民广场竖向设计等高线也是我一条一条画的。

从大学毕业冲进了省院的那一刻起，从青春少年到沧桑大叔，从看不懂图纸到对大型项目设计驾轻就熟，从学习标准、执行标准到自己主编标准，从国有省院到改制为民营省院，沧海桑田，我再没走出省院。

重视"传帮带"是省院的优良传承，省院有一大批技术精湛、经验丰富、热情助人的人才队伍，我成长的每一步都离不开省院同志们的帮助，我对省院永远心存感激！后来，我也成为一名资深建筑师，也在尽我所能帮助有需求的同志。可以这样说，在省院，年轻人只要有快速成长的愿望，就会有一股强大助力推你向前。

那栋4层砖混小楼是我起步的地方，这栋红色城池见证了我的成熟时刻，感谢省院给予我的帮助，感谢省院给予我的包容，我会永远铭记！

石家庄人民广场

建设地点：河北省石家庄市
用地面积：153 000 平方米
设计/竣工：2000 年/2002 年
获奖情况：2006 年全国优秀工程勘察设计行业奖三等奖

项目位于石家庄市中心区。其南侧隔中山路为石家庄市政府，北侧为石家庄市最早的公园——长安公园。根据地段特征，确立了"场中有园，园中有场"的质朴的设计思想，将模拟自然园林景观的设计手法引入广场景观设计中，充分保留场地原有树木和地貌特征，增强空间节点的场所感。如果说建立在一般意义上的"美化"设计不过是对平民化审美观的回答，那么建立在现代平面几何形态上的由钢、木、玻璃等现代建筑材料构成的景点处理则是专业化的技术表达。

石家庄华润中心

建设地点：河北省石家庄市
建筑面积：473 000 平方米
设计 / 竣工：2014 年 /2019 年

项目位于石家庄市桥西区，中华大街和中山西路的交口东南角，西至中华南大街，北至中山西路，东至黎明街，南至自强路。地上由 4 栋超高层塔楼（写字楼、公寓）和购物中心组成，地下有 4 层（商业、车库）。项目设计高低错落，与周边建筑形成统一、协调的天际线。外立面以玻璃幕墙为主，石材及铝板为辅，建筑风格、材质和色彩与周边建筑营造的商务氛围融为一体。

本项目为超大型商业综合体，购物中心主要功能为购物、餐饮、儿童娱乐、健身、银行、影院及 KTV；地下部分主要功能为购物、餐饮、超市、卸货区、机动车车库、自行车车库以及设备用房等。地下与地铁 1 号线、地铁 3 号线换乘站相连，从而实现了地铁与购物中心的无缝连接。下沉广场的设计，在有效引导人流的同时，塑造了城市开放景观空间。

石家庄综合商务中心

建设地点：河北省石家庄市
建筑面积：387 000 平方米
设计 / 竣工：2010 年 /2012 年

项目位于石家庄市正定新区临济路以北，福建道以南，南宁街以东，云南街以西。地上部分主要用于办公、会议、餐厅、其他服务用房等；地下 2 层主要用于停车、人防、文印、餐厅操作间、淋浴、设备用房等。结合庭院空间、中庭空间集中设置了市委、市人大、市政府、市政协办公场所、会议中心等功能用房，各功能流线清晰明确，空间变化丰富，建筑大体量及三段式的经典立面设计手法体现了河北地域建筑经典美的文化特征，同时也有效切合了该建筑在城市规划中的主导地位。

石家庄裕华万达广场

建设地点：河北省石家庄市
建筑面积：327 000 平方米
设计 / 竣工：2009 年 /2011 年
获奖情况：2013 年河北省优秀工程勘察设计行业奖一等奖

项目位于石家庄市槐安东路以北，槐岭路以南，民心河以东，建华大街以西。

本工程为超大型商业综合体，集商业、娱乐、办公、公寓、洗浴、影视、健身等于一体，地下 2 层主要为设备用房及大型停车库，地下 1 层为 1.6 万平方米的大型超市，1 000 平方米的回迁商业以及设备用房、汽车库等，地上 1~5 层为商业综合部分，6 层以上 4 栋为塔楼，2 栋为 29 层公寓，2 栋为 25 层写字楼，建筑高度为 99.95 米。

河北报业大厦

建设地点：河北省石家庄市
建筑面积：63 200 平方米
设计 / 竣工：2005 年 /2008 年

项目位于石家庄市裕华区，裕华路和青园街的交口东北角。本工程集研发、办公、发行中心、会议中心、培训中心、记者俱乐部、职工食堂、地下车库、人防工程等多功能于一体，地上 24 层，地下 2 层，建筑高度 99 米。建筑立面采用现代主义极简风格，以浅灰色花岗石"方块形"单元组合形成强韵律感，与其东侧业务楼相呼应又有提升。建筑较好地体现了《河北日报》面向未来的形象。

姜杰

1965年12月出生，天津市人，1990年毕业于河北工学院（现河北工业大学）建筑学专业，正高级工程师，国家一级注册建筑师。1990年毕业后就职于核工业部第四研究设计院，后任河北大地土木工程有限公司二所副所长、总建筑师，2002年创建河北拓朴建筑设计有限公司（简称拓朴设计），任执行董事长、总建筑师。

社会任职

中国建筑协会资深会员、河北省工程勘察设计咨询协会副会长、石家庄市工程勘察设计咨询业协会副会长、河北省墙材革新和建筑节能协会标准化工作委员会副会长、河北省商品交易市场联合会常务副会长、石家庄市

双碳建筑技术专业委员会副主任、河北省土木建筑学会建筑师分会理事、石家庄市超低能耗建筑科学发展研究会委员、河北省建筑业协会新型建筑工业化分会委员等。

学术著作

姜杰倡导创新、绿色、环保、低碳的设计理念，深入开展对绿色建筑和BIM（建筑信息模型）技术的集成与创新应用，匠人匠心，拥有扎实的理论研究基础和技术造诣。独著有《智能建筑节能技术研究》一书；编制《民用建筑结构设计统一技术措施》；参与编写《被动式超低能耗居住建筑节能设计标准》《住宅室内装配化装修技术标准》《河北省建筑信息模型项目实施规程》等12项标准；发表论文5篇；拥有专利技术6项。

所获荣誉

姜杰简单专注，保持初心，为勘察设计行业的发展及传承做出了卓越的贡献，拓朴设计和其个人分别荣获"十三五"期间推进河北省勘察设计行业高质量发展突出贡献单位奖和突出贡献个人奖、2020年度和2021年度两次荣获石家庄工程勘察设计造价咨询行业先进单位奖和先进个人奖、2022年荣获河北省诚信企业和企业诚信建设优秀工作者荣誉称号。

单位评价

匠心筑璞玉，潜心向未来。姜杰同志从业33年来，秉承将建筑、城市、社会共融共生的设计理念，专注设计，善于从城市的视角思考解决问题，擅长商业综合体、高端住宅、城市更新、产城规划、高端酒店、文体教育建筑的策划、设计和运营，是拓朴设计的技术核心带头人物。作为项目技术负责人、方案负责人，其主持建设项目近200项，其中大型项目46项。他的设计荣获国家优质工程奖、中国土木工程詹天佑奖优秀住宅小区金奖、河北省优秀工程勘察设计奖一等奖5项、河北省优秀工程勘察设计奖二等奖14项。

姜杰同志始终牢记增强"四个意识"，坚定"四个自信"，做到"两个维护"，坚定不移跟党走，深入学习中国特色社会主义理论体系和习近平总书记系列重要讲话精神，一直积极主动配合及参加行业、政府有关部门的相关工作，积极推动河北省勘察设计行业的发展。

奋斗的建筑人生

我是一个热爱生活、热爱建筑的人。年少时期，我就对建筑世界抱有浓厚的兴趣和好奇心。我总是想象自己能够创建出独特的空间，让人们感受到美与和谐的力量。

这份热情推动着我行进在建筑设计的路上，而那些灵感与创造力也成为我不断前行的动力。我的内心深处，始终燃烧着一股火焰，驱使我投身于这个令人心醉神迷的领域。

随着时间的推移，我开始探索各种建筑风格、城市规划和社会环境的交融共生之道。我认为建筑不仅仅是外表和形式，它承载着更深层次的意义与价值。

通过长时间的学习和实践，我深刻认识到建筑应该是人们生活的延伸，是创造美好未来的工具。设计应该将建筑与城市、社会相融合，打造出具有独特韵味的作品，让人们在其中找到归属感与幸福感。

一、核四院的激情岁月

时光荏苒，我从河北工学院（现河北工业大学）毕业已经 33 年了。

1990 年大学毕业后，我被分配到核工业部第四研究设计院（简称核四院）。报到时，我是很兴奋和愉悦的，这里就像一个小社会，拥有着大量的国家级专家、学者，我感受到了部属单位的宏大规模和浓郁的学术气氛，也感受到了老同志们的热情。当时核四院刚从湖南衡阳市搬到石家庄不久，设计院的 1 600 余人，大多是老同志，年轻人占比很小。核四院在全国名气大，技术力量强，不论民用项目还是工业项目都很多。

我被分到了三室五组（三室由建筑、结构两个专业组成，五组有 60 余人）。报到的第二天，组长就安排我参加了两个项目的投标工作：一个是石家庄劳教所办公区的设计，一个是廊坊二炮招待所及商业网点的设计。最终两个项目均采用了我的方案，组长很是高兴，但让我苦恼的是组长要求我独立承担起这两个项目的建筑施工图设计工作，这让我一个施工图"小白"产生了巨大

压力。好在有跟我一个办公室的老同志闻孝储给我鼓劲儿，给我信心（闻孝储是结构专业的老同志，工作极其认真，对我们年轻人非常耐心，年轻人都称呼他闻叔叔）。他从制图、规范、节点大样等各方面指导我，甚至帮我列出设计目录，并且每天晚上和周末都陪我加班，使我顺利按时完成了我的这两项作品。在这个过程中，我还从他那里学习到了很多结构方面的知识，如地基处理方式、基础形式、各种梁板方式以及结构的各处配筋原理要求等。闻孝储也成为我名正言顺的启蒙师傅。

在三室五组工作了一年半，我陆续完成了几项办公、住宅、学校的方案和施工图设计，还完成了一个大型工业项目——延边青霉素厂区的规划、方案和施工图的设计，以及一系列院内的标准图集工作，使我打下了方案和施工图夯实的基础。1992 年初，在院领导安排下，我调到了建筑开发组，跟随院总建筑师孙丽君先生参加了一系列高层、超高层公共建筑的方案设计：金圆大厦（河北商贸会展中心）超高层项目，其建筑面积 7.1 万平方米，高 116 米，是一个集餐饮、住宿、会议、展览、办公、娱乐等多功能于一体的大型综合体；河北省外贸食品进出口公司天洋大厦项目；东方热电办公大楼项目；等等。当时 60 多岁的孙老太太像年轻人一样，和我们一起加班熬夜，一起构思，一起讨论方案和创作细节，指导我们每个人手里的项目，为核四院赢得了一个又一个成果和荣誉。跟随孙总那两年半是我最辛苦的一段时间，我周末几乎没有休息过，每天晚上加班熬夜，甚至结婚也只休息了一天半。当然这也是我最充实的一段时光，使我迅速成长起来。

1994 年 9 月，我女儿才八个月，我被派往深圳分院任总建筑师，职责所在，我必须对所有的专业规范和条文说明进行研读和深刻理解，才能对所有项目进行定案。最难的就是深圳的一座 36 幕 1 200 座的大型剧院的方案和施工图设计。那时候分院团队的伙伴们夜以继日地拼博，相互帮助，团结一心，完成了多个大型项目，也给分院创造了辉煌的成绩。

1996 年初，我从深圳回到石家庄，核四院领导让每

一位建筑师为小食堂的装修做一个方案。我画了一个"水之韵"的草图应付了一下，没想到这个方案被院长选中了。因为方案全都是曲线，我只能现场在石膏板上画（当时电脑绘图水平比较低），这个项目也成就了我1996年、1997年的维也纳之行。因为后来我国常驻国际原子能机构代表团团长来核四院考察，在小食堂用餐时确定了多边大使馆的修缮改造工程派我去奥地利维也纳开展现场设计、施工监理和材料选购工作。这六七个月的维也纳之行，使我领略到了欧洲丰富的建筑文化——从古老的城堡、教堂到现代的高楼大厦，从气势恢宏的宫殿到亲切宜人的小镇，同时我认识了很多新的建筑材料和技术，也初步感受到了当时西方建筑领域的环保节能意识。

二、三人成盟

1998年底，我有幸结识了原河北省轻工设计院的艾武成、毛国伟两个哥们儿，成就了后来我们三人近25年的合作。当时河北大地土木工程有限公司董事长梁军正在组建设计院，建议我们三人组建大地建筑二所。因为有一颗成就一番事业、放飞自我的心，我毅然决然地从核四院辞职，于1999年1月4日正式挂牌成立大地建筑二所。作为建筑专业的领头人，我先后完成了一山大厦、高邑县委政府综合办公大楼、太和电子城、市建工大厦、新京大厦、凯华技术大厦等一系列地标性项目。大地建筑二所也从3个人发展成50多人。

三、开启创业篇章

2002年在获得当时已经回省建设厅的梁军副厅长认可的情况下，我们正式注册成立了河北拓朴建筑设计有限公司，成为当时地方最早的民营建筑设计公司之一。经过21年的不懈努力和奋力拼搏，拓朴设计在"拓无境·朴为本"的核心价值观的指引下，已经发展为一家拥有500余人的团队、年产值过亿的甲级设计企业，致力于项目策划、规划设计、方案设计、施工图设计、装配式建筑、被动式建筑、绿建、海绵城市、BIM技术应用等领域；设计产品包括居住建筑、城市综合体、商业、

办公、酒店、养老、医疗、教育、产业园区等诸多类型。公司同时拥有城乡规划编制乙级资质及人防工程设计乙级资质。2018年，拓朴设计被评为国家高新技术企业，以石家庄为总部，先后成立了山西分公司、天津分公司和河南分公司。

拓朴设计成功打造了一支具有共同信仰和强大执行力、为客户创造独特价值的优秀设计团队，分别为万科地产、保利发展、中海地产、恒大集团、新城控股、金地集团、龙湖集团、旭辉集团、绿城中国、中南置地、中国铁建、美的置业、金辉集团、万达集团等几百家客户提供了优质的专业服务，获国家、省、市各类优秀设计奖项达几十项。截至目前，服务的标杆地产共计33家，含不同区域分公司共计49家。

四、传承与创新

作为总建筑师，我始终保持着对建筑设计的热情和关注，亲自参与方案设计的第一线。我喜欢用手绘来表达我的想法和创意，这不仅能够更直观地传达设计理念，还能够激发创研团队成员的灵感和创造力。

拓朴设计的创研团队经常进行头脑风暴，集思广益，汇聚各种创意和想法。每个人都有机会发表自己的见解和建议，这种合作和开放的氛围让每个创研团队成员都能充分发挥他们的创造力和想象力，通过集体智慧和团队的共同努力，打造出更优秀和创新的设计方案，追求项目的卓越和完美，同时也注重将绿色、环保、低碳的理念融入设计中。

通过不懈的努力和持续的探索，自2006年，创研团队从最初的10人发展壮大至60余人。这个过程中，我一直保持着对建筑设计的热爱和激情，坚持自己的设计理念，努力为客户提供最优质的设计方案。

作为总建筑师，我始终坚持传承和培养的理念，注重将自己的设计理念和经验传授给团队成员。只有通过传承，设计理念才能得以延续和发展。通过这些年的努力，团队已经培养出了一大批优秀的主创设计师和首席设计师。他们不仅在项目中展现出卓越的设计能力，还成为

行业的佼佼者和学术界的重要推动力量。

我带领团队在 2007 年完成了正定茶城商业步行街的设计，打造了当时最早的多层立体商业体验步行街；2008年，完成了正定国际小商品城三期的设计，打造了北方单体最大的国际商贸文化产业集群，并荣获河北省优秀工程勘察设计一等奖。

2009 年，拓朴团队完成了具有重要意义的工程项目——万达广场住宅区及十字街区项目的设计，这是拓朴团队第一次出色完成与全国一线品牌地产商的合作。

2011 年，拓朴团队完成了国家五星级商业综合体——辛集国际皮革城，并荣获河北省优秀工程勘察设计一等奖。该项目以建筑的横向大尺度体现商业建筑的开放性和现代性气质，外立面采用金属网格化肌理，以暖白与浅蓝两色作为外立面基调，体现出极富张力、大气的商业气氛。

2011 年，拓朴团队完成了邯郸美的城项目，并荣获国家优质工程奖及中国土木工程詹天佑奖优秀住宅小区金奖。项目规划以"绿色、自然、生态"为主题，通过合理的功能布局、交通组织、景观和建筑设计，塑造人与自然和谐发展并且符合邯郸地域特色的新型生态社区。

2015 年，拓朴团队完成了全国著名的优质示范中学——石家庄二中教育集团润德学校项目。体育馆看台区荣获河北省优秀工程勘察设计一等奖，科技艺术中心区荣获河北省优秀工程勘察设计二等奖。该项目采用红砖学院派风格，从创新教育出发，致力于为师生营造出良好的交流与学习场所，设计现代化，布局合理，功能明确，是符合新时代师生需求的教育"理想城"。该校区成功入选《新时代中小学建筑设计案例与评析》一书！

2018 年，拓朴团队完成了主体塔楼 130 米和 230 米的骏景豪庭超高层项目。该项目在立面概念上萃取富有文化韵味的书卷、竹简等印象与精神，与博物院及图书馆设计理念新旧传承，相得益彰。

2019 年，拓朴团队完成了上谷水郡项目，精心研究坡地地貌美学，为了达到生态持续、回归自然的目标，采用了木结构体系，成功打造了低碳、环保的木结构项目。

2021 年，拓朴团队完成了城发投·瑞凝府项目的定位及创意。瑞凝府是石家庄第一个城市更新 2.0 容积率的项目，也是石家庄第一个立体园林的实施项目，石家庄城市建筑风貌政策颁布后第一个高品质住宅项目，树立了城市 2.0 时代花园社区新标杆，吹响了省会城市更新的号角。

2022 年，拓朴团队完成了高铁片区的总体规划设计。该项目按照市委、市政府的规划部署综合考量，强化规划引领，围绕打造以首都为核心的京津冀世界级城市群区域中心城市，坚持跳出石家庄、跳出河北、站位全国看石家庄，把原高铁商务区、原北方药博园区、祥云国际项目三大区域织补起来，作为一个整体的艺术品去精雕细琢，对建筑风貌进行系统设计，科学确定建筑布局、造型、格调、色调、高度，切实改变"百米楼群""水泥森林"现象，精心打造优美天际线，创造更多高端城市地标，进一步提升建筑美感和城市品位，确保不留历史遗憾。

五、建筑设计的永恒征途

在建筑设计的道路上，我始终秉承着"形适其位、性适其位、时适其位"的理念，这是我创作的根本出发点。33 年来，我坚持本心，全情投入建筑创作，并且始终保持着对这个行业的热爱和激情。

作为拓朴设计的总建筑师，我一直致力于传承和培养，通过组建创研中心发展壮大了整个团队，不断培养优秀的主创设计师和首席设计师，为公司的发展做出了重要贡献，同时希望能够为行业的发展注入新的活力和创意。

在党的二十大精神的指引下，我深入贯彻落实国家的战略部署，将党和国家的发展目标与建筑设计相结合，努力为社会进步和人民幸福做出自己的贡献。

职业生涯中充满了挑战和机遇，但我从未放弃对建筑事业的追求。无论是面对技术的突破，还是应对市场的变化，都始终保持着前进的激情和勇于创新的精神。在总建筑师这个岗位上，我深深感受到了自己的责任和使命。在建筑设计的道路上，我将永远怀揣着对美的追求和对社会的责任感，为每一个作品注入灵魂和创意，继续发挥自己的余热，为建筑事业贡献自己的智慧和力量。

正定国际小商品城三期

建设地点：河北省石家庄市
建筑面积：436 000 平方米
设计 / 竣工时间：2008 年 /2011 年
获奖情况：河北省优秀工程勘察设计奖一等奖

　　正定国际小商品城——北方单体最大的国际商贸文化产业集群，用地约 11.3 公顷，由 5 个商城及 4 栋高层公寓办公组成。从城市视角巧妙调整规划道路，将梯形用地调整为双曲线哑铃形用地，达到建筑与城市的有机统一，丰富了城市景观。建筑设计强调简洁体块的穿插与力量，使得建筑群具有强烈的视觉冲击力与独特的标志性。立面设计采用幕墙构造，肌理趋于均质化，同时强调檐口设计和金属板外包，增强自身识别性；采用钢筋混凝土大出挑、大玻璃窗、木栅格等，形成大气大方、时尚新奇的视觉印象。

辛集国际皮革城二期

建设地点：河北省石家庄市
建筑面积：187 000 平方米
设计 / 竣工时间：2011 年 /2012 年
获奖情况：河北省优秀工程勘察设计奖一等奖

辛集国际皮革城位于"中国皮革之都"的辛集主城区，项目总投资 12.6 亿元，是国家级五星级市场，中国北方唯一以皮革为主题的 AAAA 级购物旅游景区。该项目采用富有雕塑感的形体组合和弧形钢构丰富幕墙设计，营造出强烈的视觉冲击力与独特的标志性。同时，通过优化中庭设计和南北立面的经典构图，增强了商铺均好性和整体感受，打造出一个连续整体。在建筑外观色彩和细节运用上，以暖白和浅蓝两色为基调，体现了商业建筑舒展大气的开放性和现代性气质。

赞皇体育馆及文体中心

建设地点：河北省石家庄市

建筑面积：30 000 平方米

设计 / 竣工时间：2013 年 /2014 年

赞皇体育馆以"天圆地方"为主设计思想，整体设计为圆形造型，意在打造赞皇县地标建筑。西侧文体中心呈"U"形向东侧开口，与圆形体育馆相呼应，同时契合地形，形成围合空间。体育馆喻为珠，文体馆喻为龙，蜿蜒盘旋在赞皇县境内，形成"双龙戏珠"的建筑布局。该项目集实用、功能、客观、理性、美学主义于一体，以传统与现代完美结合的设计理念，极富创造性地呈现出一个新颖时尚的地标性建筑。

石家庄润德学校

建设地点：河北省石家庄市
建筑面积：119 800 平方米
设计 / 竣工时间：2014 年 /2016 年
获奖情况：体育馆看台区荣获河北省优秀工程勘察设计奖一等奖、科技艺术中心区荣获河北省优秀工程勘察设计奖二等奖、校区入选《新时代中小学建筑设计案例与评析》一书

石家庄润德学校——全国著名的优质示范中学，用地面积 10.2 万平方米，是一所包括初中、高中在内的综合学校，共计 95 个自然班级。该项目采用红砖学院派风格，遵循"学生好，一切都好"的教育理念，从创新教育出发，致力于为师生营造出良好的交流与学习场所。设计现代化，布局合理，功能明确，是符合新时代师生需求的教育"理想城"，完美诠释了设计师的工匠精神！

君乐宝研究院

建设地点：河北省石家庄市
建筑面积：56 000 平方米
设计 / 竣工时间：2018 年 /2020 年

　　君乐宝研究院位于君乐宝优致牧场内，背靠高差约 45 米的山丘，前望君乐宝花海，建筑整体依山就势呈阶梯状，提供多个景观平台，扩展了南侧花海的视野。会议大厅顶部设计有通透幕墙和抽象化的君乐宝商标，强化建筑品牌影响力。在功能方面，主入口位置设置主广场，建筑主体中部布置展示区，西侧为检测功能区，东侧为研发功能区，两个区域相互连通。建筑设计注重和谐共生，将建筑融入周边自然环境中，提升了整体的生态质量和使用者的体验品质。

城发投·瑞凝府

建设地点：河北省石家庄市
设计 / 竣工时间：2021 年 /2023 年

　　城发投·瑞凝府项目吹响了省会城市更新的号角。住宅地块设计理念紧扣城市更新发展需求，致力于实现"三还三补"要求。设计以渗透城市文化，延续中国传统礼仪文脉为核心，以"外城内郭"为题，打造"城""郭""市井"三重文化主题，实现城市更新的"新"内涵。规划布局形成一带双轴三城郭的规划结构，真正做到了还空间于城市，还绿地于人民，还公共服务配套于社会，为城市打造一处充满烟火气和活力的特色市井文化商业街区及 3 个组团宁静立体园林住宅社区，树立了城市 2.0 时代花园社区新标杆！

杨今

1968 年出生，1990 年毕业于河北工学院（现河北工业大学）土木建筑系建筑学专业，获工学学士学位；1990—2008 年在核工业部第四研究设计院工作，历任主任建筑师、副所长兼总建筑师、院总建筑师；国家一级注册建筑师；2005 年获评研究员级高级工程师；2008 年至今任河北惠宁建筑标准设计有限公司总建筑师、总经理。

社会任职

历任河北省墙材革新和建筑节能协会副会长兼标准化工作委员会会长、河北省土木建筑学会常务理事、河北省工程勘察设计咨询协会常务理事、河北省土木建筑学会建筑师分会常务理事、河北省工程勘察设计专家委员会专家、河北省土木建筑学会建筑节能与绿色建筑学术委员会委员、河北省工程建设标准审查委员会专家、河北省发改委投资项目审查专家、石家庄铁道大学硕士研究生校外导师、石家庄市自然资源和规划局建筑设计方案评审专家等。

主持工程情况及荣誉

作为项目负责人和专业负责人主持了大量的工业与民用建筑设计。主要获奖项目有天洲国际商务中心、国仕山、宣化大酒店、河北宾馆、卓达商贸广场、方北购物广场、汇君城、奎山城市广场等公共和居住建筑以及多部工程标准设计，分别获得国家级、省部级及河北省优秀工程勘察设计奖一、二等奖近 30 项。先后荣获"十三五"期间推进河北省勘察设计行业高质量发展突出贡献个人、河北省企业诚信建设优秀工作者、河北省工程勘察设计行业领军人才等荣誉称号。

学术成果

结合工程实践主持完成多项科研课题的研究，其中《复合聚苯阻燃保温板应用技术研究》等 3 项成果获河北省建设行业科技进步一等奖，1 项获部级科技进步三等奖；主持或参编完成《12 系列建筑标准设计图集 12J8 楼梯》《12 系列建筑标准设计图集 12J12 无障碍设施》等 13 部工程建设标准和标准设计。以工程项目及课题研究为背景，先后发表《建筑风格与空间布局的多样化》《现代住宅小区规划与园林景观设计》《建筑设计中绿色建筑技术优化结合》等 20 余篇学术论文。

单位评价

杨今同志从事设计及设计管理工作 33 年以来，爱岗敬业，具有优良的职业道德、扎实的专业理论基础、丰富的设计实践经验，善于学习，勤于思考，用心钻研，精益求精，具有较高的专业技能和学术水平，在建筑设计理论与建筑技术方面取得了大量成果，设计或主持设计近 200 项大中型项目，获得 30 余项省级以上奖项。杨今同志以精湛的专业技术水平提升城市品位，以突出的业务能力引领公司发展，以强烈的责任意识助推技术进步，在业界具有广泛深入的影响力，为城市建设和工程勘察设计行业高质量发展做出了突出贡献。

逐梦之路——我的建筑之旅

人生是一个不辍前进、不断成长的历程。转眼之间，我从事建筑设计已经三十余年。因为喜欢，所以热爱；因为热爱，所以追逐；因为追逐，所以一直在前进的路上……

一、结缘建筑

我1968年生于天津市，1986年考入河北工学院土木建筑系建筑学专业。河北工学院地处海河之滨的天津市，这里兼容并蓄的建筑风格、丰富多元的地域文化，成为我看世界的起点，也开启了我对建筑学的探索。我们这一代的大学生是幸运的，遇到了一批年富力强、具有丰富教学经验，有才情、有愿景的教师队伍。他们具有扎实的专业素养和基本功底，从建筑基础知识到建筑认识实习，再到课程设计，都亲力亲为，奋战在教学第一线。老师们的专业水平出类拔萃，讲课生动且感染力强，让我逐渐对建筑学专业产生了浓厚兴趣和学习欲望。很多老师不但业务水平高，且多才多艺，这些综合素养极高的老师深深影响了我，使我明白建筑学是一门内涵丰富的"杂学"，综合素养极为重要。他们帮助我更多地了解了空间、色彩、韵律与建筑美学之间的关系与深远意义，也对后来我提升自己的审美能力与专业素养有着不可替代的作用。至今想起来，这段学习经历仍是一笔巨大的财富，使我受益终生。

那时建筑系每届只有一个班，我们班共20个同学，叫建86（1986年入学）。建筑学独特的教学方式，促成了建筑系师生和谐融洽、情如一家的氛围。建筑系学生的功课并不轻松，不但要上一大堆工科课程，还要花大量时间设计、绘图。给建筑系的学生留下最深刻印象的恐怕还是在专业制图教室的经历。建筑设计是个不太容易入门的学问，东西繁杂多变，常常一个设计要画一大堆草图，琢磨很长时间。后来我逐渐体会到，这种"磨"让我学到了很多东西。从学习的角度说，"磨"就是一个不断否定的过程。对自己的方案不满意，就去翻阅书籍杂志等资料，跟同学、老师讨论，找感觉、拓思路。

反复的"磨"无形中增加了尝试的次数，积累了更多的东西，敏锐了我对建筑空间与实体的感觉。所幸磨图过程并不枯燥，因为专业制图教室里总有同学放些流行或古典音乐，那些反复播放的曲调与制图的时光缠绕在了一起，成了我大学最难忘的记忆。

四年的大学时光转瞬即逝，却让人难以忘怀。在老师们的谆谆教导下，我对建筑学由认知到汲取，再到感悟，初尝了建筑学之精妙。同时我也获得了专业基础和专业技能，学到了相互支持、和谐共处的协作精神，为我今后的职业之路打下了扎实的基础。此时建筑早已是一种灵感的缱绻，一种创造的渴望，在年少的我的心中涌动……

二、职业起步

1990年大学毕业后，我被分配至核工业部第四研究设计院，从事建筑设计工作，由此开启了自己的职业生涯。这里聚集着一批基本功扎实、专业素养深厚且才华横溢的同事，他们成为我的领路人和伴行者。我在这里耳闻目睹了许多优秀同事的风采，见证了不少项目从构想到实施的全过程。作为年轻同志，我从最基本的工业与民用建筑项目设计做起。领导每每安排工作任务时，我都会主动请缨。凭借不甘人后的拼劲，我尝试独立完成了大郭村农村住宅、石家庄地区兽药厂大门办公楼等项目的方案设计和施工图设计。实际项目的锤炼让我快速地成长和提高，基本掌握了一般工程项目从方案设计到施工图设计全过程的工作要领，也认识到设计落成必须持续付出的艰辛，培养了扎实的工作基础和工作作风。

正因为这份可贵的工作态度，1993年我得到去深圳分院工作的机会。深圳特区是改革开放的前沿，城市建设如火如荼，我怀着兴奋与期待的心情来到了这个朝气蓬勃的城市。此时分院刚刚成立不久，由于人手少，项目多，大家工作生活都在一起，没日没夜地埋头苦干。印象深刻的是我在那里的第一个项目——南油大厦。这个项目用地位置显著，规划要求建设一个包含综合商业营业厅、办公公寓及地下停车库等多功能的高层综合体。

这对于我来说既是巨大的挑战，也是难得的机遇。由于我之前没有高层建筑设计经验，为了顺利完成任务，我全身心地投入项目中，查阅案例资料，向香港建筑师同行请教学习，白天跟院长与甲方谈项目、汇报沟通方案思路，晚上回来整理思路、勾画设计方案，常常是通宵达旦。功夫不负有心人，我的方案获得甲方领导认可，随后院领导亲任设总，并由我带领建筑专业组完成了这个项目的建筑专业全过程设计工作。正是通过这次锻炼我获得了领导同事的广泛认可，随后又得到更多的学习锻炼机会，陆续主持设计了中核集团深圳香蜜湖度假村、华源中心、鼓浪屿原英国、美国领事馆更新改造等项目。职业之路漫漫，相伴一生的"导师"必然是我们投身其中的项目。这一时期，我参与了多种规模和类型的项目，从住宅到商业、文化教育、医疗等建筑，我逐渐熟悉了项目的整个生命周期的设计服务，包括与客户沟通、方案设计、初步设计、施工图设计以及现场技术服务。通过与香港建筑师项目合作，我吸收了更多的现代建筑设计理念与方法，开阔了视野，丰富了设计的范畴，受益良多。在这期间我的设计理念和设计能力迅速提升并日益成熟，为未来职业之路提供了新的发展空间和舞台。

参加工作的前几年，我主要还是趴图板手工绘制设计图纸，包括勾画草图、马克笔、水彩、水粉渲染等建筑表现图，建筑方案图和建筑施工图等。这是一段一群年轻的同事一起学习创作、体会建筑、品味生活、挥洒青春的美好时光。正是这段经历锻炼了我全面的设计思考与表现能力。随着社会发展，建设项目体量越来越大，功能复合性越来越高，电脑辅助制图在设计行业开始逐步得到应用。1994 年，我自己边干边学，已经可以熟练运用多种建筑设计工具和软件，成为院里率先使用电脑制图的第一批建筑师，极大提升了设计工作效率。特别是在当时国内还没有专业效果图制作公司的情况下，我通过对 3Dmax、Photoshop 等软件的学习摸索，大胆尝试，熟练掌握了前期建模、渲染、后期处理等电脑效果图制作的全过程。作为开拓者，我为院里培训了一批电脑效果图制作人员，从而解放了建筑师的部分劳动力，进一步提升了建筑基于模拟现实的多维度表现力。

三、锤炼提升

在核四院工作期间，我先后任助理建筑师、创作组主创建筑师、建筑室主任建筑师、民用建筑所总建筑师，同期获得国家一级注册建筑师执业资格，破格晋升正高级工程师，逐步具备了较丰富的设计实践经验、较强的创新能力及项目管理经验，2003 年后任院总建筑师、院科技委委员。作为全院建筑专业技术带头人，在做好建筑创作、建筑设计审核审定工作的同时，我作为重点项目设计总负责人组织生产，主持的项目涉及面广，从方案投标到建筑策划、可行性研究报告、方案设计、初步设计、施工图设计等各方面进行全方位全过程把控。我先后参与和主持设计了金圆大厦、河北宾馆、石家庄中医院门诊综合楼、河北省艺术学校、石家庄市第四十四中学、核工业科技馆、中基礼域等一批颇具影响力的项目。

参与建设项目的设计投标工作是建筑师必不可少的工作，我印象最深的一次是河北省重点工程河北省科技馆及科技会展中心举行公开概念方案竞赛招标。项目因地处石家庄市核心文化区域标志性建筑河北省博物馆广场一侧而受到当时省领导的高度重视。院内通过前期方案比选，确定以我的方案为基础，组成项目组代表我院竞标。我的概念方案以"传承历史，跨越未来"为主题，从城市设计的角度出发，控制新建筑高度，整合重塑区域文化广场的空间边界关系，以合理的平面功能流线以及空间布局，通过经典的比例关系和一体化处理的流畅疏朗、曲直结合的建筑造型，展示尊重历史、面向未来的整体形象特征。经过专家评议后，我们的投标方案在众多方案中脱颖而出，作为推荐方案之一在河北省委常委会的汇报会上展示，获得了省主要领导认可，被选定为中标方案。遗憾的是后因种种原因我院最终没有获得进一步深化设计的机会。设计过程中我主导了现场踏勘、考察调研、概念比选、方案设计、效果图绘制、模型监制、方案汇报等一系列的工作。这次投标经历让我明白，创意从来不是灵光乍现，而是从站得住脚的论据出发，用理性去推导后的产出，在此过程中要把握住建筑的内涵，把建筑与城市的关系有机结合起来，从而更好地把建筑的文化属性、地域属性和时代特征展现出来。

作为一名有经验的建筑师，我此时依然保持着对行业的热情和求知欲，并不断寻求创新和突破，将最新的设计理念和技术应用到项目中。我不满足于既有成绩，带领团队通过"请进来，走出去"的方式，先后与清华大学设计院、同济大学设计院、环球凯达、日本 KKS、AECOM 等行业顶尖设计团队展开全方位的合作。通过合作交流，我们增长了业务知识，开阔了视野，拓展了思路，获取了新的设计理念与方法，同时开辟了新的业务领域。

四、积累收获

2008 年我参与组建了河北惠宁建筑标准设计有限公司，继续从事建筑设计与管理工作，历任公司总经理、董事长兼总建筑师。这一时期随着社会经济的发展，城市的更新和超速迭代不仅激发了城市的活力，为城市赋予了更持久的价值，也为建筑行业带来新的发展机遇。得益于以往的磨炼和生活积累，以及丰富的工程实践经验和理论基础，我带领团队陆续设计了大量的星级酒店、商务办公、产业园、居住区、城市综合体等开发类项目。这些项目一般规模及体量较大，满足市场化运营与需求是设计的基本出发点。设计过程中，我注重与客户合作，始终把客户的需求和愿景置于设计的核心，并通过沟通深入了解客户的目标、预算和时间限制来确保设计方案的成功实现；我努力创造独特的功能性空间，以满足人们的需求，并为他们带来舒适和愉悦体验的精神空间；我善于与不同背景和专业的人士合作，包括相关设计师、工程师、承包商和运营商。我相信良好的沟通和团队合作是实现成功项目的关键。这一时期我在通过设计品质和设计与市场的结合提升项目附加值等方面取得了良好的成效，创作出了一系列用户满意度高的设计作品，如西美五洲大酒店、天洲国际商务中心、方北商业综合体、威县体育馆、国仕山小区、汇君城小区等。上述项目设计均实现了以运营管理、项目策划为先导，以整合规划、

建筑、室内、景观等多专业一体化设计为支撑的设计理念，使我逐步在城市综合体、居住、文教建筑等方面形成自己的特色，在公司业务发展的同时也为城市建设发展和城市面貌的提升做出了突出贡献。

我始终坚持因地制宜的建筑环境观、经济适用的建筑功能观、创新节能的建筑技术观，关注行业的最新趋势和技术进展，并不断学习和发展自己的技能以保持与时俱进的设计理念和方法。随着设计实践经验的积累，与同行的深度交流、互学互进，我在专业上逐渐有了自己的思考以及更深刻的认识和提高，逐渐形成自己的理论体系，即"设计以营造生活的感受为目标，并推动社会的进步，概念创新为先，细节保证为本，讲究创意、本原、互动，强调多专业整合一体化的设计理念"，以工程项目及课题研究为背景，先后在各类期刊发表学术论文 20 余篇。我始终坚持建筑创作与建筑技术的共同进步，并致力于整合环境友好的设计原则和以新技术应用为基础的性能化设计目标，如装配式建筑技术、被动式超低能耗建筑、绿建建筑技术等研究与应用。结合实践，我主持了多项课题研究，其中《复合聚苯阻燃保温板应用技术研究》等 3 项成果获河北省建设行业科技进步一等奖；1 项获部级科技进步三等奖，先后获得 4 项专利技术的专利权。主持编制完成 13 部行业及地方工程建设标准、标准设计图集。其中《12 系列建筑标准设计图集 12J8 楼梯》《12 系列建筑标准设计图集 12J12 无障碍设施》，同时用于河北、山西、内蒙古、天津、山东、河南的工程建设，有力推动了行业标准化、规范化建设工作，助力提升行业设计质量与设计效率。

选择建筑师这个充满诗意的职业是我的幸运，感恩时代，让我可以挥笔勾勒出人间美好的时空。我相信建筑是不断演进的一种艺术和生活方式的表达，我希望通过我的设计为人们创造美好的生活场景，为城市塑造更具持久价值的空间环境。我相信在行业面临转型发展与突破的当下，未来依然无限宽广。因为我对生活永远热爱，对工作永远热情。一路走来，从设计、技术到管理，我依然在学习和追寻的路上前行……

方北商业综合体

建设地点：河北省石家庄市
建筑面积：172 000 平方米
设计 / 竣工：2021 年 / 在建

  项目定位为差异化、主题化的城市级新型商业综合体，位于裕华路与民心河交汇处，从城市设计入手，采取将纯净的玻璃幕墙体化整为零的策略，通过水平与竖向局部凹进形成充满韵律和活力的建筑形体，在 68 米高度处设计了一个玻璃连接体，成为一处集独特性、体验性、公共性和艺术性于一体的城市云端休闲目的地。裙楼转角处局部降低并与地面平接将人流引导至建筑各层空间，为公众提供一个全新的休闲场所"生活大舞台"。层层跌落的裙房和转角处的景观大台阶一气呵成，兼具功能性的同时形成不同层次的立体绿化，与民心河景观带形成相互渗透的开放空间，打造了地标性建筑形象和全新生活场景"公园式商业中心"。该项目提升体验感，增强话题性，吸引城市客群，塑造都市生活记忆点。项目采用装配式建造技术。

国仕山小区——H 区

建设地点：河北省石家庄市
建筑面积：289 000 平方米
设计 / 竣工：2011 年 /2013 年
获奖情况：河北省优秀工程勘察设计奖二等奖

　　项目为一个以居住为主，集合高层住宅、墅质洋房、平层大宅等多种居住模式，社区商业、学校托幼等公建配套设施齐全的大型综合花园式居住区，总体规划分期实施。设计采用规划、建筑、景观一体化策略，本分区设计以住宅环绕中央水系和绿轴形成自然流动的总体规划结构，实现了景观环境资源的共享性和均好性，通过抬高场地形成多层次的景观系统，避开了城市的喧嚣，营造了"世外桃源"的空间意向。各级交通组织结合景观布局，实现了人车分流；创新户型产品设计"入户花园"；采用新古典主义的建筑风格，比例宜人、细部精美、色彩温暖。该项目是石家庄市有代表性的高品质社区之一。

河北宾馆

建设地点：河北省石家庄市
建筑面积：42 000 平方米
设计 / 竣工：1998 年 /2001 年
获奖情况：核工业部优秀工程设计奖一等奖

　　该项目是河北省首个设施齐全、配套丰富的五星级涉外宾馆和政府外事接待中心。项目平面布局紧凑，功能组织合理，交通便捷顺畅，建筑形态上强化整体性和雕塑感，立面采用非对称的造型处理手法，强调虚实对比和光影变化。玻璃幕墙映衬着时光和季节的变换，减轻了高层建筑的压迫感；结合流畅的双曲面玻璃幕墙，体现了流动感。裙房与主体造型浑然一体，整个建筑犹如一艘扬帆起航的巨轮，气势宏伟，蓄势待发。设计中现代元素的植入与融合挖掘了城市独特资源与价值，创造以多元生活为导向的城市空间，为城市汇聚了活力。该项目成为石家庄市地标性建筑之一。

方北购物广场

建设地点：河北省石家庄市
建筑面积：20 700 平方米
设计 / 竣工：2007 年 /2011 年
获奖情况：河北省优秀工程勘察设计
二等奖

本项目是集一站式品牌类家居购物、餐饮娱乐、写字楼、地下商超、车库等多功能于一体的大型主题商业购物中心。平面围绕两个中庭组织商业动线，将多种功能空间有序地组织在一起。裙楼在凹凸节奏韵律变化的基底体块上，通过与点式玻璃幕墙的搭配弱化了其大体量的厚重感，显得既稳重又不失轻盈；位于两侧的高层写字楼，以竖向线条为主，通过向上渐变收分的石材幕墙与竖向玻璃窗形成挺拔向上的立面形象，彰显了建筑的气势恢宏。项目体现了一个富有凝聚力的体验中心，作为生活方式、业态和空间融合的载体，为城市赋予了更持久的价值。

天洲国际商务中心

建设地点：河北省石家庄市
建筑面积：32 600 平方米
设计 / 竣工：2012 年 /2015 年
获奖情况：河北省工程勘察设计项目
一等成果

项目为企业总部级商务办公楼，用地呈三角形状，北侧紧邻城市主干道北二环路。基于城市空间和建筑功能的需要，总体设计因势利导，有效化解了场地环境条件不利的影响，平面布局紧凑合理，交通组织顺畅便捷，打造了以人为本、舒适高效的办公环境。设计从城市的角度来构建建筑形态，建筑造型顺势而为，浑然一体，柔化了建筑与城市的空间关系，以动态的自然曲线体现了雕塑感，以流畅自由的水平线条强调了整体感。局部变化的线条打破了曲线的宁静，增加了建筑的轻盈感，统一的外幕墙结构体现了时代性，塑造了二环沿线独具特色的建筑形象——"未来石"，活跃了城市风貌，成为石家庄城市的一个新亮点、新地标。

西美五洲大酒店

建设地点：河北省石家庄市
建筑面积：42 500 平方米
设计 / 竣工：2011 年 /2014 年

  项目为准五星级城市精品商务酒店，与石家庄标志性住宅综合体西美五洲大道贴临而建。项目从城市设计角度出发，通过对规整的几何形体的切割、穿插、咬合变化重构的方式从视觉上弱化建筑的厚重感，与西美五洲大道取得空间形态上的呼应关系。"灯笼"造型的钢桁架悬挑结构表现出力量与感召力，底部裙房立面通过玻璃幕墙细部肌理及材质变化的灵动感产生亲和力，建筑细部体现精工品质，设计语言规律简单，与城市环境创建友好关系，提升该区域的整体城市空间品质。项目采用规划建筑、室内空间一体化设计策略，设计理念从建筑延续到室内空间，给使用者一个完整连续的体验感。

雷志民

1965年生人，河北大成建筑设计咨询有限公司总建筑师。1988年毕业于河北工学院（现河北工业大学）土木建筑工程系建筑学专业，毕业后一直从事建筑设计工作。主要设计作品有：石家庄市康泰广场、兵器集团西安第206研究所科技综合楼、四川省平武县南坝中学、云南天达光伏科技股份有限公司高效晶体硅太阳能电池生产线项目、石家庄经济学院华信学院新校区建设项目等。多项设计作品获国家、行业、省级优秀设计奖。

社会任职

石家庄铁道大学建筑与艺术学院兼职教授
中国人民警察大学火灾预防与控制实验室兼职研究人员

河北省住房和城乡建设厅建设工程消防技术专家委员会秘书长
河北省工程勘察设计咨询协会消防技术工作委员会秘书长
河北省建设工程消防技术专家库专家
河北省绿色建筑标识评审专家库成员
全国勘察设计专家库专家

主持工程情况及荣誉

石家庄市康泰广场获部级一等奖；华北制药厂部1000吨青霉素工程获中国兵器工业建设协会颁发的部级二等奖；江苏曙光光电有限责任公（5308厂）科技综合楼获部级二等奖；四川省平武县南坝中学获河北省优秀工程勘察设计奖一等奖；邢台一中获河北省优秀工程勘察设计奖一等奖；《百年住宅设计标准》被认定为2022年河北省工程勘察设计项目优秀工程勘察设计标准；2021年河北省工程勘察设计咨询协会授予"行业英才·时代先锋"荣誉称号。

学术成果

①论文：《中国工业建筑的发展》《装配式建筑设计标准化的思考》《浅议装配式建筑标准化设计》
②书籍：《产业园区规划设计》《工业与科研建筑创作》《高校规划建筑设计》《大学校园规划设计》
③技术标准：《河北省房屋建筑和市政基础设施工程施工图设计文件审查要点》《房屋建筑与市政工程勘察设计及审查常见问题分析与对策》《河北省建设工程消防设计审查验收管理指南》《百年住宅设计标准》DB13（J）/T8383—2020

单位评价

雷志民同志爱岗敬业，具有良好的政治品德和职业道德。从事建筑设计30多年来，主持和参与100多项工业与民用建筑，其中30多项为大型技术复杂项目，十多项获省部级一、二等奖或其他奖项。作为项目负责人，主持完成石家庄市康泰广场、平武县南坝中学、石家庄经济学院华信学院新校区、兵器集团西安第206研究所科研楼等多项大型项目设计。
雷志民同志参与大量指导性技术文件、技术措施、技术标准、构造图集的编制和审查工作，为河北省勘察设计行业标准体系化建设贡献了自己的智慧。

学建筑，偶然中的必然

学建筑对我来说是偶然中的必然。中学时代我喜欢文学，文科成绩较好，害怕数、理、化，所以理科成绩较差；爱好体育，小学的时候当过全校的口令员，一直是中小学篮球队的队员，练就了好的身体。我也曾有过当一名篮球运动员的想法，但身高不给力。小时候看电影多数都是战斗故事片和反特故事片，反映的都是敌我矛盾，所以我爱憎分明，看到打敌人抓特务能伸张正义当英雄，很过瘾，我有了想当军人的理想与冲动，以至于高考填报志愿时第一批次只报了中国人民解放军陕西三原空军地空导弹学院。后来我真的接到通知去邢台体检，体检到最后一关前有人说，这种职业以后只能待在山沟子里，不可能进城。从农村考学出来再进山沟有什么意思？一句话让我打了退堂鼓，另外两个分别报考中国人民解放军后勤学院和石家庄陆军指挥学院的同学也改主意了，三个人一商量，我们打道回府了。看来，当时我想当军人的意志并不坚定。

后来应届考走的好同学寄来一封信，告诉我建筑学专业比较热门，而且基本不学数理化，将来工作也比较好，我觉得这不就是工科中的文科吗？说实话，当时说建筑学比较热门我都不知道什么是建筑，只记住了"基本不学数理化"，于是第二批次第一志愿我填报了建筑学专业，这就是我职业的起源吧。

大学时代

我大学毕业已经36年了，岁月荏苒，但大学时光却历历在目，岁数大了更喜欢回忆那段难忘的往事。当然最难忘的莫过于专业设计课上老师们批改作业。20世纪80年代初，河北工学院恢复了建筑学专业，我们1984年入学的建筑学班是恢复后的第二届，当时每年只招一个班，每个班只有20名学生。学科得到重生的建筑学教研室的老师们，心气高，责任心强，形成了学生认真学，老师用心教的良好学风。大学课程设置也很讲究，茶室设计、幼儿园设计、住宅设计、图书馆设计、剧场设计

、旅馆设计等建筑类型很有代表性和实用性。每一项设计都能在学生的脑海中留下很深的印记，因为那时候还没有电脑辅助设计，只能手绘草图、手绘工具图。从仿宋字书写、线型练习到课题设计，人人都要过关，这为我们打下了良好的初步设计基础，也让我对建筑设计产生了浓厚的兴趣。非常感谢老师们的启蒙教育！记得我和要好的同学武建强周六日总爱逛街，去的最多就是科学技术书店。在那里可以随便看书买书。虽然当时很穷，可书也很便宜，美术字、钢笔画、艺术造型、建筑画等书籍才一两块钱一本，到现在我还留着一些，这些已成为美好的纪念！刚刚改革开放的中国，文化艺术界异常活跃，出现了百花齐放的局面。天津、北京经常有艺术展览和文艺演出，这让我受到了很好的艺术熏陶，倍感充实。

那时候，老师们对建筑学非常有感情，讲课时有激情，很有感染力。他们教课时使用的更多语言是草图——徒手草图。杨倬老师的徒手草图功力很强，下笔有神，线条考究，空间关系表现力强，形体准确。黑板上几分钟画一幅图（画），便将建筑空间表现得淋漓尽致。杨老师常说，草图是建筑师的语言，他是这样做的，也是这样要求学生的。每一项课程设计，徒手草图不会少于三轮，且每一轮他都会挨个讲解修改。方案修改了一遍又一遍，草图纸用了一张又一张，这才叫言传身教。杨倬老师是苏州人，苏州园林对他的影响不言而喻，在他的教学与设计实践中常常表现出来。在进行幼儿园设计和图书馆设计时，很多同学都有结合庭院布局的做法，当然这种布局对于这种类型的建筑而言也是非常奏效的，一方面可以满足日照和自然通风，另一方面也容易获得良好的空间关系和景观效果，达到事半功倍的功效。当然，如今的幼儿园和图书馆设计不一定非要这样设计，因为土地供给情况和建设规模以及建设模式运营管理模式都发生了很大的变化，设计自然要跟上时代的步伐。手绘草图的过程是画图的过程，更是帮助思考的过程，是不断否定自我深化和优化方案的过程，是否定与肯定、继承与发展的辩证统一，是从量变到质变渐进升华的过程。

今天，随着科技进步和社会分工的发展，计算机辅助设计和电脑建筑表现能力不断提高，为建筑设计提供了很大帮助。但是，在建筑创作中，计算机代替不了手绘草图的作用，除非计算机有了人的大脑智慧。

工作起点，初遇良师

1988 年，我毕业后被分配到当时的兵器工业部第六设计研究院（今为北方设计研究院有限公司）工作，那还是手绘图的年代，项目少而且规模小，要求简单，节奏也比较慢，一个单体项目常常只需几个人做方案。

2000 年以前，石家庄高层建筑比较少，即使有高层，建筑规模也很小，但还要拔高，导致平面使用很不经济。为此设计方案做了很多，但落地实施的寥寥无几。1989年春天，组长派我到北京去做方案，一个任务是东城区黑芝麻小学方案，另一个项目是车道沟医院方案。在这里我有幸遇到了兵器建设局的孙欣老先生。孙老也是学建筑的，70 多岁了，个头儿很高而且腰板很直。他说自己年轻的时候很喜欢体育，所以身体健壮。每天一早老先生骑辆小自行车按时到班，和气地把我和另一位同事叫醒。"小李、小雷起来吧，刷刷牙洗洗脸，吃点饭该上班了。"这几乎成了老先生每天早晨必说的一句话，体现了一位长者对年轻人的关爱，现在想来觉得特别惭愧！孙老在生活上对我们关心爱护，但工作上严格要求，当老先生看到我做方案只注重单体设计，不重视指标控制，他就耐心为我讲解方案设计流程和关键环节的控制，亲自帮我计算东城区黑芝麻小学方案技术经济指标，这让我受益匪浅！35 年了，我还一直保存着老先生的计算草稿，以此表达我对孙老的感谢和纪念（遗憾的是当时没有留下一张他的草图）。

到改革开放的前沿去

我刚上班时全国只有深圳特区和上海浦东开发区，北方院是个大平台，在这两个地方设了分院。我有幸于1990 年初被派往深圳分院工作。由于分院人数有限，所以我既做方案又画施工图，虽然忙碌，但得到了很好的

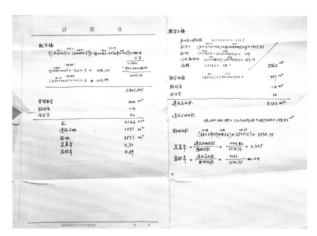

孙欣先生手迹：黑芝麻小学指标计算书

锻炼。下班后，我一般不吃晚饭，先到海滨浴场游泳。浴场的东面是海湾，西边是海滨别墅，南面是南海明珠——南海酒店，北边是海上世界——明华客轮、蓝天、白云、碧水、红花和起伏的微山，阳光明媚，环境优美宜人，每次都让我流连忘返。尤其是南海酒店，实现了建筑与环境的完美结合，不愧是大师之作！深圳分院地处蛇口，周末还可以到深圳市逛逛，我专门到繁华地带看建筑，有国贸中心、艺术中心、香蜜湖、深南大道，可谓大饱眼福，对学建筑的人来讲无不裨益！

1995 年初，我被派往上海分院担任分院院长。当时我还不到 30 岁，初生牛犊不怕虎，有一种勇闯上海滩的感觉。感谢领导给了我难得的锻炼机会，这对一名建筑学人来说非常重要！但现在想起来有些后怕，不知道自己哪来的勇气。当时上海分院还在成立初期，需要做的事太多了，跑注册、建立分院管理制度、经营、带头做方案、生产生活都得管。经过不懈努力，上海分院于1996 年正式注册，还获得上海市建管办颁发的外地驻沪优秀勘察设计单位，并刊登在《解放日报》上。

我在上海三年，我目睹了浦东浦西的大发展，浦江两岸往返无数，万国博览建筑和陆家嘴时代建筑给我留下了深刻的印象，为我的日后建筑设计提供了极为重要

的帮助。

支援平武，灾后重建

2008 年 7 月 14 日，单位接到河北省对口援建四川平武现场指挥部的通知，要求北方院负责平武县学校重建的设计工作，院领导高度重视、迅速组队。在设计任务非常紧张的情况下，迅速抽调技术骨干，由当时的副院长王振宗带队一行 6 人于当天深夜出发，风雨兼程次日到达绵阳。大家在从绵阳到平武的途中就展开了工作——踏勘了响岩小学建设场地。我们的任务是到 7 月 28 日完成响岩小学和南坝中学的规划设计方案。这项工作的具体实施由我牵头负责，之前我参加了救援阶段安置房建设，对工作比较了解。我深知这是一项政治任务，时间紧任务重，不能有差错，以前积累的工作方法与设计方法全都派上了用场。现场条件很艰苦，天气闷热，住板房，还要忍受蚊虫叮咬，大小余震经常发生。虽然知道住板房不会发生大的危险，但下意识的恐慌任何人都会有。尽管如此，团队成员非常努力，工作有条不紊地进行。要想在这么短的时间完成任务，方法很重要，以南坝中学为例。

①建设背景：灾后重建援建项目，意义重大。

②环境解读：场地位置地势较高，四界异常不规则，建成后校园建筑组群三面仰视，一面俯瞰。

③建筑风格：因地缘关系，建筑风格带有一些羌藏建筑元素。

南坝中学始建于 1958 年，已有半个世纪的历史，是当地一所有名的学校，5·12 汶川地震致使学校主要的教学和生活设施全部倒塌，变为一片废墟。灾后重建，学校的历史踪迹显得格外重要。设计前我们查看了现场，搜寻历史文脉，到县城考察老旧建筑，拍照片分析细部做法，不是简单地"拿来"，而是寻找历史文化符号，通过分析、归纳、总结，以扬弃的原理进行精简再造，提炼出有代表性的构件符号用在柱头和屋顶上，收到了良好的效果。

平武方面，教育局和学校积极配合，收集资料、核

南坝中学立面造型风格

对数据、专业配合、网上工作互动（与院本部效果图人员），每一个环节都很重要。总平面设计着实不易，在 27 708 平方米的用地上要建设面积 20 010 平方米的建筑，非常紧张，教学区、体育运动区和生活后勤区三大功能区还要分区明确，总平面布局规划非常考验设计人的功夫。要想体现校园文化特色，只注重建筑的造型和立面风格是不够的，建筑布局也是重要因素，从布局上还要表现学校厚重的历史。我们做了好多轮方案，和指挥部有关

与平武方面负责人沟通南坝中学方案

领导进行沟通，交换意见，因为设计方案需要多方互认。

经过分析，我最后决定学校主大门教学区采用对称布局，既体现对历史的尊重，也寓意学校严谨的教学作风。有了教学区定位，其他功能区设计随之展开，总平面设计豁然开朗，势如破竹，困难迎刃而解。入口广场、读书苑、休闲苑、运动区结构严谨，相得益彰，交通流线合理顺畅。这种布局很奏效，得到了有关方面的认可，受到了当时梁军副指挥长的表扬。

设计团队的每一个人在用一颗炽热的爱心努力地工作着，体现了中华民族吃苦耐劳的精神和一方有难八方支援的高尚品格！

7月18日，我们在现场完成了两个学校初步的设计方案，并与平武县县政府有关领导在县政府二楼会议室进行了方案评审和论证。大家一致认为，建筑总体布局合理，功能分区明确，满足使用要求。但是由于设计资料的不详和要求的变化，设计方案后面又几易其稿，设计人经常加班到深夜，方案也不断优化。7月21日上午，两个方案基本定案，得到了平武方面的全面认可。7月27日，我们按时完成了平武县南坝中学和响岩小学两个项目的规划设计方案，并向省发改委和省住建厅有关领导进行了汇报。

2008年8月28日，南坝中学进行了校园建设开工仪式，当时的河北省委书记张云川、省长胡春华亲临现场，对设计方案给予了高度评价。

2008年底，中央电视台新闻联播播报了南坝中学的建设情况，这是给予河北省对口援建平武的相关单位与整个设计创作团队的肯定和最好奖赏！

转型发展，注重技术

自中华人民共和国住房和城乡建设部（住建部）对建筑工程施工图实行审查制度以来，我于2009年开始参与施工图审查工作。经过几个项目的技术审查，我发现了自己在规范标准掌握方面存在不足，于是进行了自我加压补课，结合项目加强对规范标准的学习，重点放在对条款的理解上。40多岁的人，记忆力和理解力都是上

好的，很快我就有了长足进步，成就感很强，较方案设计工作而言，图纸审查工作成果的确定性和有效性明显更强。建筑方案需要建筑师多画图、多推敲，在若干根线条中作出选择。尽管如此，方案也很难获得认可，这对于我这个吝惜线条的人来讲多少有些残酷。相比之下，定下主攻方向，老老实实做自己的建筑技术吧。当然，机会来临时我也绝不放弃，能够成就一个建筑方案更是莫大欣慰！

大约始于2010年，我开始参与河北省施工图审查培训工作，参与编写培训教材《河北省房屋建筑和市政基础设施工程施工图设计文件审查要点》和《房屋建筑与市政工程设计及审查常见问题分析与对策》，并为全省建筑专业审图人员讲课宣贯。我的综合技术能力全面提升并得到业内认可，经常接受公司内外技术咨询。能够为别人答疑解惑，让我很有成就感，有时被问住再向"高手"请教，也是很好的学习机会。

近年来，建筑专项技术不断呈现，诸如节能建筑、绿色建筑、海绵城市、装配式建筑、无障碍设计、双碳技术等，让人应接不暇，这些都需要不断去学习。期间我做了大量指导性技术文件、技术措施、技术标准、构造图集的编制和审查工作，为河北省勘察设计行业标准体系化建设贡献了自己的一点能力。

2018年，中共中央办公厅、国务院办公厅发文（厅字〔2018〕85号），"将公安部指导建设工程消防设计审查职责划入住房和城乡建设部"以来，我对国家消防技术标准进行了系统性学习，形成了较为完整的消防技术知识积累，对行业发展起到了技术支撑作用。

我作为工程技术人员，我一直活跃在设计一线，感谢所有人给予我的帮助。我经历了量大面广的项目锻炼，很多项目具有规模大、综合性强、功能复杂、技术难度高的特点。经过长期的多方面的磨炼，我具备了行业领军人才的能力。2021年我被河北省工程勘察设计咨询协会授予"行业英才·时代先锋"荣誉称号。

石家庄市康泰广场

建设地点：河北省石家庄市

建筑面积：71 000 平方米

设计时间：2000 年

获奖情况：部级一等奖

康泰广场是一个商业综合体项目，位于东方购物中心东侧，为石家庄老火车站商圈（现为解放广场）。主体结构为高层框架剪力墙结构。

兵器集团西安第 206 研究所科技综合楼

建设地点：陕西省西安市

建筑面积：31 000 平方米

设计时间：2006 年

科技综合楼位于西安市，属高层大型项目，主体结构为框架剪力墙结构，主要功能为科研、办公、雷达车测试。

四川省平武县南坝中学

建设地点：四川省绵阳市

建筑面积：20 000 平方米

设计时间：2008 年

获奖情况：河北省优秀工程勘察设计奖一等奖

本项目位于四川省绵阳市平武县南坝镇。汶川大地震后，河北省对口支援平武县灾后重建。整体项目为框架结构。

云南天达光伏科技股份有限公司高效晶体硅太阳电池生产线项目

建设地点：云南省昆明市
建筑面积：30 000 平方米
设计时间：2005 年
获奖情况：2016 年北方工程优秀建筑规划方
案三等奖

方案造型设计以获取最大太阳照射为原则，采用了曲线加斜坡的
形式，大部分围护结构运用了当时国内建筑—光伏一体化领先技术。

石家庄经济学院华信学院新校区

建设地点：河北省新乐市
建筑面积：300 000 平方米
设计时间：2011 年

本项目为大型整体项目，框架结构。功能包括行政办公区、教学区、学生生活区、体育运动区、教职工生活区。

高明磊

1973年生于河北省定州市，中国兵器工业集团科技带头人，北方工程设计研究院有限公司副总建筑师，建筑工程院总建筑师，国家一级注册建筑师，研究员级高级工程师；毕业后一直从事建筑设计工作，主要设计作品有中国官田兵工博物馆、中国环境管理干部学院、保定电力职业技术学院、华北电力大学二校区、裕华区区政府、南宫市市政府办公大楼等。

社会任职

中国建筑学会资深会员、中国建筑学会主动式建筑学术委员会委员、合肥工业大学及石家庄铁道大学硕士研究生导师、中国国防邮电职业技术协会专家、河北省科协智库专家。

学术著作

编写高等教育设计类教材《建筑设计理论与实践》《公共建筑设计方法学及其案例研究》《中国当代公共建筑类丛书——文化、体育建筑》《中国当代公共建筑类丛书——教育、交通、医疗建筑》《中国当代公共建筑类丛书——办公、商业、酒店建筑》5部著作，参与编写《大学校园规划设计》《高校规划建筑设计》《产业园区规划设计》《工业与科研建筑创作》等专业书籍；在《工业建筑》《建筑技艺》《城市·环境·设计》《城市建筑》等期刊发表论文及设计作品19篇，获"多层桥连接的综合体建筑""免拆模版版钢网锁扣连接件"专利两项；担任科研课题"乡村振兴视角下传统村落保护和发展策略研究""军民融合+特色小镇研究""职业院校发展与建筑形式探""建筑信息模型设计、施工技术研究"等课题负责人。

荣誉及获奖

曾荣获河北省三八红旗手、河北省最受关注的科技创新人物、河北省军工劳模工匠、河北省勘察设计行业优秀青年设计师、河北省勘察设计行业最美巾帼设计师、河北省勘察设计行业领军人才和中国兵器工业集团优秀党员、扶贫先进个人等称号。主持设计项目百余项，其中19项获国家级、省部级优秀设计奖。

单位评价

高明磊同志在建筑设计领域有扎实的理论基础和丰富的实践经验，从业27年来一直坚持在设计一线工作，恪尽职守，爱岗敬业，对建筑创作始终富有热情和激情，遵守建筑师职业道德，注重建筑师文化素养的提升，在校园建筑、办公类建筑、产业园区建筑等方面有诸多实践，并取得较好业绩，有较强的社会责任感，得到甲方和业界认可。

建筑之缘

一、记忆钩沉

儿时印象 我儿时生活在农村，由姥姥一手带大，记忆里智慧的老人总能把乡下的辛苦劳作变成快乐体验。姥姥是我人生中的第一位导师，她的乐观向上的心态一直影响着我以后的生活。记忆中有两个画面算是我对"建筑"的最初印象：一个画面是农村盖房子夯地基时喊号子，膀子上搭条旧毛巾的大人们抬起绑着短木杠子的石墩，毒日头直直照在他们黝黑的膀子上，一组四人随着号子将石墩高高抬起又甩手放下，动作整齐划一、激情豪迈；另一个画面就是给房子上大梁时老司仪喊着"上梁上梁，子孙满堂"，还抛出一把糖，据说还有点香、挂红、祭拜等仪式。在我印象中，盖房子是件神圣而庄严的大事。

梦中宝塔 我读初、高中分别在定州市的向阳中学（又名宝塔中学）和定州一中（现为定州中学），两座学校分别位于号称"中华第一塔"定州塔的西南和西北。那时高层楼房不多，站在两所学校的操场都能望见高耸入云的宝塔，从初中学校看到的是完整的塔，雄伟壮观；从高中学校看到的是坍塌露出内部结构的塔，古老苍凉。六年中学生活几乎都是围着宝塔。初中班主任对我的评价是："成绩尚可，爱登台儿上高儿，没个闺女样。"定州一中历史悠久，2022年刚举办了120周年校庆。当年的校舍有近百年的单层青砖瓦房、有几十年的红砖和水刷石墙面的两层楼房，也有新建的瓷砖墙面的多层楼房，都有各自时代的印记。通过一个青砖拱门便进入了宿舍区，宿舍区是个两进的院子。校内场地西高东低，建筑坐落在几个台地上，周围绿树成荫，春天几棵上了年纪的大槐树飘着槐花香。后来为了响应定州"千年古县"的定位，两所学校拆迁到了市郊，校址都变成了漂亮的仿古街。宝塔也修复完成并粉刷一新，巍峨耸立，成为定州的标志。

二、我的大学

母校在苏州 学建筑学是一个偶然。高二暑期一位

高中学姐要读大学，去我父亲当时所在的单位转粮油关系。她上的是苏州城建环保学院建筑系，学校临近寒山寺，我当时联想到了那首家喻户晓的《枫桥夜泊》中"姑苏城外寒山寺，夜半钟声到客船"，并被诗中的意境吸引。对于土生土长在北方的我来说，能在"上有天堂下有苏杭""小桥流水人家"的苏州上学是一件美事。提到建筑学，我本能想起儿时农村盖房子的画面，便毫不犹豫地报了这所学校的环保专业，调剂那一栏写的服从。1991年暑期结束，我以超出重点线40分的成绩去了苏州城建环保学院，不知为何却被调剂到了建筑系。母校位于姑苏城西，距著名的寒山寺、枫桥、大运河、铁岭关仅一两个街区。学校最早可追溯至1923年江苏公立苏州工业专门学校，它拥有国内创立的首个建筑科，我在的江枫园校区由戴念慈先生规划设计，环境优美、远山近水，河流穿行。建筑多滨水而建，是粉墙黛瓦、四角小飞檐的江南风格。当年其他方向有围墙，唯有东侧一座大门界定出校内外空间。校门内有多处农民的鱼塘和广袤的稻田，夏季满校飘着稻花香，校友们戏称为姑苏城外的"早稻田"大学。

入学趣事 我刚入学时笑话频出。登记入住时在女生宿舍名单里找不到我的名字，因为名字像男生我被分到了男生宿舍，协调了好久才安顿好，后来我还被该男生宿舍封为了名誉舍长。入学后加试徒手画，画的是一个球体和一个圆锥贯穿体的素描。看着别人手握一把铅笔，听着蹭蹭的铅笔划过素描纸的声音，毫无素描功底的我心里着实发虚。我拿出中学画板报的功底勾了个大形儿，不知如何往下画了。一位颇具艺术范的老教授站我旁边直摇头。这一摇头我反倒放松了，瞅着旁边一位北京姑娘画得挺逼真，于是我照猫画虎，她黑我也黑，她白我更白，最后居然过关进入了建筑系二班。

初识建筑 刚上大学，我对建筑学的印象就是画房子，同学们大都有一定的美术功底，有些更是出自建筑师世家。从课程设置来看，学院对美术教育非常重视，每周除了周二上午的校内美术课，还有周五上午的校外写生。苏州那时还是个慢节奏的城市，园林和古镇的人很少，

除了园林和苏州古城外，我们还会到周边的古镇周庄、甪直、同里、东西山、乌镇，甚至扬州、无锡等地游玩或写生。学校的美术老师也是有名的大画家，好几位曾在鲁迅美术学院任过教，教我们有点大材小用，杭鸣时老师的粉画、章德甫老师的水彩画、曹大庆老师的钢笔画、以画老虎出名的"方老虎"教授都是我们当时膜拜的偶像。

入学时有门课程让我几近崩溃，是在一张 A2 的白色卡纸上用鸭嘴笔画出从零点几到十几毫米均匀增粗的墨线，有实线有虚线。我们要在鸭嘴笔里填墨，用螺丝控制笔嘴出墨量以达到线的粗细要求，线条还必须光滑挺拔，不得使用针管笔。我总共画废了 16 张 A2 卡纸，好在以后再也没用过鸭嘴笔。当年还开了中国古典园林课，记得雍振华老师总是配着一张张精美的幻灯片，用诗一般的语言讲述着中国园林之美、讲述着古建筑背后的故事，让我深深感受到中国传统建筑中蕴含的大智慧。工作以后每年的古建旅行成为我生活中的重要部分，也许就是受当年古建课的影响吧。20 世纪 90 年代中后期，苏州经济开始发展，新加坡工业园区开始筹建，我跟老师做了不少业余设计，假期之余我也在苏州几家设计院实习，参与了一些学校类设计项目，其中有一所苏北中学的教学楼最终建成，算是我最早的实践作品。

师恩难忘　邵俊仪老师是我初步设计的导师，许家珍老师是我毕业设计的导师，两位先生是一对建筑师贤伉俪。邵老师于同济大学建筑系毕业，研究生毕业于南京工学院建筑系，师从刘敦桢先生，是该校历史上第一批研究生之一。邵老师清瘦高挑，温文尔雅，许老师和蔼慈祥，知性美丽，两位老先生是我们建筑学院的一张名片。两位先生的女儿在美国，所以他们把我们当自己孩子一样对待，我们都喊许老师为许妈妈，偶尔会去他们家里吃饭。邵老师是我的专业引路人。刚入学时我的基础差，在让我崩溃的线描课上，他亲自示范怎么往鸭嘴笔里填墨、填多少合适，如何控制粗细。到现在我还记得交图时邵老师那笑眯眯的表情，他拿着我的图说："你能画成这样我已经很满意了。"邵老师不疾不徐的温和的教导方式，让我慢慢对建筑设计产生了兴趣。许妈妈是当时商店设计领域的专家，她讲话极具条理，态度温和坚定，在带我们毕业设计时她几乎每天都来教室转转，看看大家的设计草图，推荐一些参考书。她说设计过程和结果一样重要，画图只是表达的手段，系统思维能力更重要，到现在我仍深以为然。邵老师、许老师两位先生携手走过了半个多世纪，彼此相敬、晚年独立坚强，他们的生活和工作给我提供了很好的人生榜样。

三、工作实践

初入北方院　毕业时，我拿到了多家单位的录取意向，最后听取了父母建议选择了北方设计院。北方设计院隶属中国兵器工业集团，同年入职到设计院的同事有 70 多人。那时的项目基本都是委托设计，一有项目，有一定方案创作能力的人都要出方案，自己画效果图，然后挂在墙上，领导选 2～3 个方案选送甲方。1996 年建筑行业都开始使用电脑绘制效果图，我学会了用 3DS 和 3Dmax 建模，用 Photoshop 处理后期加配景，公司专门成立了数码中心专做效果图，建筑师从此从画表现图中解脱出来。刚到单位时孙兆杰总还是副所长，孙总效果图画得极好，曾指导我用喷笔画建筑画，后来他成为公司总建筑师和总经理，曾带领大家披荆斩棘拓展了民用板块的业务领域，是公司建筑师的一面旗帜。

2000 年前我曾经在上海、大连、北京、青岛分公司工作，借做项目的机会在周边各地参观学习，增长见识。2000 年回本部后，公司制定了《大项目管理办法》，从各院所抽调精锐力量，由公司领导牵头重点突破重大项目，总负责人一般是孙兆杰总和李齐总，我们则各自分几组楼进行单体设计。从总图规划到每个单体大家都精心设计，方案要经过多轮的评审，我跟二位老总和同事们学到了不少本领，尤其是团队协调能力和对项目的判断力。我作为非主要设计人参与了中国矿业大学南湖校区、河北科技大学、中国药科大学、北京理工大学良乡校区等项目；作为主设计人设计了华北煤炭医学院冀唐学院、617 厂部办公大楼、信息学院图书馆（老校区）、石家庄学院（老校区）投标、裕华区政府、南宫政务中心、南宫大酒店等项目，这些项目一般都是从方案到汇报、到施工图一包到底。

一心投入 2011 年建筑工程设计院成立后，我担任总建筑师，几乎负责了所有建筑院内大型项目的投标。那时我的搭档王瑶和张长涛都非常厉害，大家一起合作的项目中标率很高。至今难忘和他们一起熬过的无数个通宵、无数次争吵后的再拼搏。其中在参加中国环境管理干部学院项目的投标时，多家知名设计院同台竞技，我们一行三人封闭住在北京的瑞嘉宾馆 15 天，集中精力在这一个项目上，在"水晶石"制作效果图、多媒体动画，沙盘模型在另一家制作，交标前一周最紧张忙碌，画技术图、分析图，还得去效果图公司盯多媒体、效果图制作，图册排完后去打印店打印装订，封装盖章，每一个环节尽求完美。我们经常为打印机偏色纠结，对着打出的图在电脑上一遍遍调色差。有一次审完多媒体片子已是凌晨 1 点，北京大雪，街上空无一人，我独自步行 40 分钟回宾馆。送标前晚跟邢海文院长和李方武经理被堵在京秦高速上直到天亮，上午 9 点又开始汇报方案……做项目有苦有乐，参加北京电影学院项目的投标时，和创研中心合作，人手足，时间充裕，较轻松。因为对影视类院校了解不深，我们设计团队一行人在北京电影学院的招待所（留学生公寓）住了十天，与同学同吃同住。大家每天看美女帅哥养眼，遛进表演系、摄影系、导演系看学生上课，请同学用手机记录行为轨迹，做后期的设计分析，晚上去小剧场观看学生作业——话剧演出，还去大剧场看电影和现场访谈，记得那次放的是周迅和邓超演的《李米的猜想》，电影放完后，学生现场采访了曹保平导演，他是北京电影学院的导演系老师。功夫不负有心人，最后我们的设计方案在十几家国内外知名设计院中入围。不同类型的项目我们会有不同的设计策略。铁道大学四方学院项目，因为是山地建筑，我们专门请了水利设计院的专家做顾问，五次下现场对场地的每个沟沟坎坎和树木定位，对前期的技术资料、土方分析、供水、供暖、供电做了深入研究，请赵雄总做项目顾问，赵总还为我们的方案题了首诗。大家全身心投入，方案

在两轮投标后胜出，可惜后期施工图我没参与。十年内我还主持了新疆华能昌吉能源基地、保定电力职业技术学院、河北建材学院、新华区政府投标、河北地质职工大学等 30 余项的投标项目。

回归本源 回顾我这 27 年的建筑实践，正如禅宗关于看山看水的三境界，前十年踏着前人足迹，有板有眼、老实本分设计；第二个十年，一头扎进去，大量投标、找文化寻理念；近几年随着业务量减少，设计尽量追求松弛适度、不着力、回归老实本分做设计的状态……

中国环境管理干部学院新校区

建设地点：河北省秦皇岛市
建筑面积：250 000 平方米
设计 / 竣工：2010 年 /2016 年
获奖情况：河北省优秀工程勘察设计奖一等奖

　　项目设计融入环保精神与学科特色，引入"清洁地球"的理念，将零散建筑通过跨越河流的"桥"连成圆形，隐喻地球上河水淌过，"清洗地球"，提醒人们地球需要呵护。河两侧防护绿地设计为人工湿地清洁污水，并作为相关专业的实习场地。校区采用了代表环保特色的三色，蓝色——污废水处理和雨水收集系统形成的水源颜色；绿色——由综合楼围合出的人工湿地的绿色植被；黄色——为屋面太阳能利用、地源热泵、绿色节能建筑、节水、废物回收的能量色。

保定电力职业技术学院

建设地点：河北省保定市
建筑面积：85 000平方米
设计/竣工：2011年/2015年至今
获奖情况：河北省优秀工程勘察设计奖一等奖

集零为整的集约式布局适应了极不规则场地，设计率先引入了校园综合体的概念，将教学、图书、实训、培训楼组成教学综合体，将体育、餐饮、公寓、活动中心组成生活综合体，由连廊串联起两组综合体和实训大车间。现学校已成为一所校企共享、产校融合的新型职业类院校。

中国官田兵工博物馆、官田兵工小镇

建设地点：江西省赣州市
用地面积：26.1 公顷
新建及改造面积：25 000 平方米
设计 / 竣工：2011 年 /2017 年

被誉为"兵工始祖，军工摇篮"的官田是井冈山红色教育线路上的重要一站。村庄以展览展示、教育培训功能为主，以修复 9 大旧址展馆为核心，新增中国官田兵工博物馆、兵工课堂、"兵工七子"实习基地、民宿文化及兵工文化研修基地、民俗街、木轮发电车、风雨桥等，形成"馆在村中，村在馆中"的游览模式。兵工博物馆以江西红土颜色为基调，建筑匍匐于场地向传统建筑致敬，跌错的斜屋顶分散了建筑体量，消解大体量建筑对村庄肌理的破坏，并与远山取得呼应，室内局部设 20 米高的兵器展示区，与中央综合性兵工厂坐落在小小山村的"小中见大"有异曲同工之妙。

森林驿站

建设地点：河北省保定市

建筑面积：2 100 平方米

设计／竣工：2015 年 /2017 年

　　森林驿站位于边城要塞龙泉关古镇内，改造自旧民居，增加了餐厅、接待服务厅，形成传统的四合院模式，内设 20 间客房，有餐厅、雅间、书吧和小会议室。建筑以 2 层为主，局部 3 层，顶层的 loft 客房可透过天窗日间远观苍翠远山、夜间仰望寂静星空。设计体现太行山传统建筑风貌，底部拱形连廊将空间整合起来，结合木构架与远近景观的渗透打造出具有古典韵味、山野意趣的北方精品民宿。

北京电影学院通州校区方案设计

建设地点：北京市
建筑面积：390 000 平方米
设计：2016 年 / 在建

在深入学习研究电影学院特色基础上，设计利用多种空间形态的有机组合、形体的聚集与分散、外部空间的开敞与内敛实现了影视学院与众不同的校园气质。在时间层面、空间层面、时空一体层面对校园进行再组织与再创造，提出三个创作策略：校园场景化、戏剧化——时间层面；场地生活化、城市化——空间层面；空间片段化、多元化——时空一体层面。

华北电力大学教学楼

建设地点：河北省保定市
建筑面积：31 000 平方米
设计 / 竣工：2008 年 /2010 年
获奖情况：河北省优秀工程勘察设计奖一等奖

　　项目位于华北电力大学二校区北入口的"L"形拐角处，建筑顺应场地采用弧形的建筑形体连接三幢教学楼，对学校入口人流形成欢迎接纳态势。连廊设计为办公及活动用房，立面利用倾斜的玻璃顶、小边厅和屋顶小方窗为下层连廊采光，较好解决了西晒问题，立面采用大虚大实突出建筑入口。

花旭东

正高级工程师，国家一级注册建筑师。1980
年出生于河北省邢台市，2002 年 7 月毕业
于河北工业大学土建学院建筑学专业，同
年进入河北省建筑设计研究院建筑创作中
心，2005 年调入九易庄宸科技（集团）股
份有限公司从事建筑设计工作至今，历任
主创建筑师、首席建筑师、建筑二部部长、
建筑专业院院长等职务，现任公司副总裁、
副总建筑师、建筑设计事业部总经理。

社会任职

石家庄市工程勘察设计咨询业协会第六届
理事会副会长、河北工业大学建筑与艺术
设计学院企业导师、河北省老旧小区改造
设计专家库专家、河北省绿色建筑标识评
审专家、石家庄市自然资源和规划局建设项目规划设计评
审专家等。

主持工程情况及荣誉

作为项目负责人或主创建筑师主持完成建筑设计项目 50
余项，总建筑面积逾千万平方米，内容涵盖商业、办公、
文化、教育、住宅等多种建筑类型，取得国家级、省部级
优秀工程设计奖 16 项。代表作品有石家庄长安生物科技
研发中心、新源蜂巢、荣盛·未来城、石家庄市美术馆、
振新商务大厦、聚和·远见、高新区南部新城（石家庄高
新区集中安置区棚户区改造项目）、国赫·红珊湾等。先
后获得了河北省勘察设计行业优秀青年设计师、河北省
"三三三人才工程"第三层次人选、"十三五"期间推进
河北省勘察设计行业高质量发展突出贡献个人、河北省工
程勘察设计行业领军人才等荣誉。

学术成果

获得国家知识产权局批准的各类专利 8 项，其中发明专利 1
项，实用新型专利 3 项，外观设计专利 4 项；作为主要编制
人完成 4 项河北省地方标准与图集的编制工作；作为第一作
者或主要编写人发表多篇学术论文；作为主要技术负责人
完成石家庄市自然资源和规划局立项课题《居住区规划形
态及空间结构研究》，编制成果为《石家庄市建筑风貌控制
管理技术导则》及《石家庄市居住区建筑风貌与容积率联动
创新办法（试行）》的编写与发布提供了重要的理论依据和
实践研究，对石家庄市的建筑风貌管控发挥了重要作用，
并荣获河北省高新技术企业科学技术奖科技进步三等奖。

单位评价

花旭东同志对待工作认真严谨，在工程项目中体现了扎实
的专业技术能力与责任担当，把对建筑设计持之以恒的热
情，落实到每一项工作实践中，紧紧围绕企业发展与技术
进步，不断学习新知识、新技术，先后主持参与了几十项
重点项目，并多次获得行业奖项，为企业发展做出了卓越
的贡献。同时能够积极参与社会层面的行业组织和学术活
动，尽己所能推动勘察设计行业高质量发展。我们为花旭
东取得的成果感到自豪，并期待他在未来带领团队创造更
大的价值。

学·游建筑 —— 一直在路上

河北邢台，我的家乡。多年以后，因学习建筑我开始关注城市历史，才发现她是一座有 3 500 年建城史的宝藏城市，而对于儿时的我来说，家乡只是不知愁滋味的少年无忧地。

我的父母都是邢台市运输公司的职工，得益于他们的双职工状态，我的童年几乎在"放养"中度过。我很庆幸自己所出生的年代，没有繁重的家庭作业和"内卷"的课外班。在大学之前，我的成绩都不算优秀，每次的顺利升学都得益于自己的幸运与每逢大考的临场发挥。1997 年的高考还是先报志愿后出成绩，我在考试之前并没有考虑过要学什么专业。我虽是一个理科生，但又比较偏感性，一个家长在建筑行业的同学向我推荐了建筑学专业。经他描述后，我顿时感觉这个专业非常棒，设计与历史类的内容都是我非常喜欢的方面，只是对于美术的确相对陌生。机缘巧合，父亲当时与郝卫东总的父亲在一个办公室，通过郝总的专业解读与帮助，坚定了我学习建筑的决心与信心，最终被河北工业大学建筑学专业录取。

1997 年秋天，我离开家乡到天津开始了五年的求学。在这几年里，我接受了建筑学的启蒙，初步掌握了设计的基本逻辑与方法，更重要的是在大学里遇到了许多良师与前辈，他们对建筑设计的敬业执着与一丝不苟是最宝贵的精神财富，都深深地影响了我。记得大二时，杨倬老师指导方案设计，中期草图评审时我因为身体原因没能参加，但等我去到绘图教室掀开桌布时，一幅杨老师批改后的草图映入眼帘，那些线条与文字所表达的除了知识，更让我深切地体会到了老先生对于职业的认真态度和对于后辈的期望。我非常喜爱这个专业，大学期间我破天荒地变成了成绩优异的学生，担任了五年的设计课代表，甚至还获得了若干奖状和奖学金。这对于一个在中学时代并没有什么存在感的学生来说，是一种极大的鼓励和认可，也让我更加庆幸自己的专业选择。

那时河北工业大学的建筑学专业属于省内紧缺的热门专业，毕业生还有出省的政策限制。为了响应建设家乡的号召，2002 年夏天，我回到了石家庄，入职了河北省建筑设计研究院，正式开启了一名建筑师的职业生涯。那时设计院的创作中心刚刚成立，经过了一次快题设计，我很幸运地被留在了这里。办公室里汇集了郭卫兵总、孔令涛总、王鹏总等多位行业大咖，而且李拱辰总建筑师还经常在一线指导设计工作，我有幸在工作期间得到几位老总的提点和教导。印象最深刻的项目是在我入职两个多月的时候，分管副院长刘晔总和直接领导王鹏总找到我，给了我一份省委党校综合楼的标书，让我独立完成。时至今日，我依然能够回想起当时的兴奋与激动。十几天的设计时间里，我几乎每天都耗在办公室；临近交标前夕，更是在效果图公司夜以继日、通宵达旦。那次的述标场面，也是我从业以来少见的大阵仗。那时还没有多媒体的汇报和表现手段，建筑师只能对一张张图片进行讲解。偌大的报告厅里座无虚席，在万分的兴奋与紧张中，我完成了第一次述标。虽最终只获得了第二名未能中标，但这对一个初入职场的毛头小子来说算得上一个还不错的成绩。这次的表现也让院领导对我有了一定的了解，使我后期获得了更多历练的机会。

2005 年春天，我调入了九易庄宸科技（集团）股份有限公司，虽然这里的领导和同事大多都很熟悉，但对我而言却是一次崭新的开始。在这个饱含理想与激情的团队中，我实现了从相对单一的方案主创到全面项目负责人，再到团队负责人，乃至业务负责人的成长与跨越，也从单一的关注图纸与技术逐渐过渡到关注客户与社会需求，从关注建筑单体转变为关注区域环境与城市发展，从期待项目作品落地呈现到期盼率领团队实现集体与社会价值……

公司创业之初，所有人员都要扑到项目上，这要求年轻建筑师必须一专多能，全面发展。公司的第一个项目是都市新城（亲亲小镇），因我参与了方案阶段的工作且相对了解客户需求，公司便决定让我担任建筑专业负责人兼执行项目负责人。而在这之前，我从未接触过施工图部分的工作，对各专业分工和基本操作流程几乎毫无概念。回想起来，虽然这是一个技术难度并不大的住宅项目，但却是我从业以来遇到的第一个难度较大的挑战，也是带给我收获最多的项目。经验不足就只能用时间弥补，在那段日子里，我几乎每天都伴着凌晨的月光才能回到宿舍，白天要趁着总工们在公司抓紧时间请教问题、与各专业负责人拉通技术标准，晚上再把自己所负责的楼栋进度补上。万幸的是，在这个项目上还有两位非常有施工图经验的建筑专业同事，她们几乎是手把手地教会了我施工图的技术要点与制图原则。每晚她们下班后，我都会"偷偷"把她们绘制了一天的图纸拷贝下来，利用晚上的时间参照学习赶进度。那段时间是我从业以来最"苦"的一段时间，但也是业务能力提高最快的阶段。通过这种"赶鸭子上架"式的高强度锻炼，我迅速地掌握了项目设计的全过程要点，而为了避免这种"拔苗助长"式的提高带来的基础不牢靠，必须不断总结。项目结束之后，我会把项目过程的图纸翻出来与最终的成果对照，思考在哪里走了弯路，哪里还有提质增效的空间。令人欣慰的是在我的第二个施工图项目之后，我的图层管理分类方式被编入了公司的统一制图规定，这让我在施工图的技术管理上也体验到了小小的成就感。

随着城镇化进程的推进，我接触了越来越多的项目类型，进行了大量的项目实践。非常幸运，我在从业道路上遇到了许多给予自己信任的客户和一路同行的同事伙伴，特别是很庆幸能够遇到孔令涛总、梁冰总、刘晔总、范进金总、胡罡总、孙彤总等兄长般的行业引路人。在大家的支持与帮助下，我陆续完成了新源蜂巢、石家庄长安生物科技研发中心、唐山荣盛·未来城、石家庄市美术馆、石家庄振新商务大厦、聚和·远见、国赫·红珊湾、石家庄高新区南部新城等项目。不断积累工程经验的同时，我的工作范畴也在向项目之外不断延展，从率领一个方案为主的部门到负责整个建筑专业，再到兼任建筑设计事业部的总经理。虽然岗位职责已不仅仅限于方案创作与工程技术，但我始终认为建筑师才是自己的第一标签，而且也只有项目实践的成就感与设计价值实现的满足感才是自己选择这份职业的原动力……

近几年，我国的大部分城市都进入了郊区城镇化与中心城区更新复兴并行的阶段，城市问题也受到各级城市管理者的广泛重视。公司有幸受到石家庄市自然资源和规划局的委托，针对城市的住区建筑风貌问题进行专项研究，并辅助参与了若干规划管理技术文件的制定，由此开始深入地从一个更大的视角去关注建筑与城市、人居与环境，希望可以为城市健康发展贡献自己的一份力量，践行"设计创美生活"的职业价值观。

"读万卷书不如行万里路"，在建筑设计中，游历与体验也是很重要的学习过程，切身去感受建筑作品，游走于城市街巷，体验空间路径，触摸材料质感，是一种提高，也是一种享受。除了工作中的项目考察外，我也时常借家庭旅行来满足自己的体验欲望，为了朝圣流水别墅绕路百余英里去到熊溪河畔、为了体验卡拉特拉瓦的结构空间美学绕远路去坐地铁、为了体验马赛公寓赶了两天的夜路、迷上了卡洛·斯卡帕故意安排了意大利北线……

作为一名建筑师，除了可以体会项目落地时的获得感之外，也会有发现缺陷与不足时的遗憾。十分感谢那些给予年轻时的我们宽容与支持的客户和领导，那些曾经遇到的问题也在不断提醒我，作为一名建筑师必须对自己的职业永远怀有敬畏之心，因为你所勾画的每一笔线条都有可能成为城市环境的一部分，并将在很长的一段时间内或好或坏地影响他人的生活，正如国际建筑大师伦佐·皮亚诺所说的："你不喜欢一本书，你可以不读它；你不喜欢一首音乐，你可以不听它；你不喜欢一座建筑，但你每天却不得不面对它。"

感谢建筑师这份职业，让我有机会去创造与实践对美好生活的向往，让我有机会去享受游走于优秀建筑作品之中的兴奋与愉悦，也让我对这个世界有了更多的了解与期盼。2023，成为建筑师的第 21 个年头，学游建筑，一直在路上……

新源蜂巢

建设地点：河北省石家庄市
建筑面积：129 000 平方米
设计 / 竣工：2015 年 /2021 年
获奖情况：2022 年河北省工程勘察设计项目
一等成果、第六届 CREDAWARD 地产设计
大奖·中国金奖

项目为位于河北省石家庄市核心商圈的地标型超高层商业综合体。设计以基于未来为主题的设计理念来塑造建筑形体，并通过"天空·钻石"的立意进行建筑语言的串联，形成轻快凌厉的钻石体。外立面通过选择不同颜色与透明度的玻璃幕墙强化建筑形体变化，并结合竖向铝型材装饰线条，体现建筑的轻盈与凌厉。项目以极具动感、独树一帜的建筑造型成为备受年轻人关注的区域新地标，为城市发展注入了新的活力！该项目合作设计单位为日建设计。

长安生物科技研发中心

建设地点：河北省石家庄市
建筑面积：78 000 平方米
设计 / 竣工：2011 年 /2014 年
获奖情况：2017 年度全国优秀工程勘察设计行业奖优秀建筑工程设计三等奖、2017 年河北省优秀工程勘察设计奖一等奖

项目位于河北省石家庄市高新区，以创新型"科技企业孵化器"的项目定位，将用以交流、休憩、互动的创新型办公共享空间设计，作为建筑内部空间营造的"重中之重"。独创性的各类共享空间在建筑"中轴线"上序列展开，空间在这里流动，构成整个建筑中最华彩的篇章。项目以其现代简洁、新颖独特的建筑造型，成为高新区东部的区域新地标。

荣盛·未来城

建设地点：河北省唐山市
建筑面积：412 000 平方米
设计 / 竣工：2014 年 /2016 年
获奖情况：2019 年河北省优秀工程勘察设计
奖一等奖、2018 年度河北省优秀工程勘察设
计行业奖一等奖

项目位于河北省唐山市丰南区，以"中国首席文化旅游综合体"为战略定位，以辐射京津冀一体化经济圈为发展目标，以顶级室内娱乐场、儿童职业体验馆、奥特莱斯三大主力引擎为驱动，配以婚礼殿堂、星幻驿站、高端影院等特色引擎为辅助，全力打造一站式旅游购物体验目的地、京津冀娱乐体验第一站。

振新商务大厦

建设地点：河北省石家庄市
建筑面积：159 000 平方米
设计 / 竣工：2013/ 在建

项目位于桥西区新石中路与西二环交口，定位为与高新产业有关的复合商务办公及其配套商业的办公建筑集群。设计通过对城市空间的分析，从城市形象整体出发，运用现代时尚的设计手法，结合建筑材料、表皮肌理的变化与建筑细节的精心打造，塑造区域标志性建筑形象。

聚和·远见

建设地点：河北省石家庄市
建筑面积：460 000 平方米
设计 / 竣工：2010 年 /2013 年
获奖情况：2020 年河北省工程勘察设计项目
二等成果、2020 年石家庄市优秀工程勘察设
计奖一等奖

　　项目为造型经典的"ArtDeco"风格高层住宅建筑群，总体规划结合用地特征，采用了"中心景观轴＋院落邻里"的布局形式，以指状穿插的方式使住宅组团与中心景观轴相渗透，体现"居住在自然中"的设计理念。建筑立面汲取"ArtDeco"建筑风格的精神要素，并结合现代建筑的体块特征来塑造建筑形体，形成沿城市界面层次丰富的建筑组群天际线。

高新区南部新城（高新区集中安置区棚户区改造项目）

建设地点：河北省石家庄市
建筑面积：1 400 000 平方米
设计 / 竣工：2021 年 / 在建

　　项目位于石家庄市高新区，为集中安置样板示范工程，设计内容涵盖住宅及配套商业、中小学、文化中心、体育中心、医疗服务中心、养老服务中心等多种业态。整体规划以"还空间于城市、还绿地于人民、还公共配套服务于社会"为出发点，遵循"小街密路、综合开发"的设计原则，构建了"一核、两环、四心"的总体规划空间结构。通过创新性设计的活力生态文体活动环串联起各级生活配套，构建开合有度、层次分明的住区空间；结合差异化的建筑风貌分区，打造鲜明的城市意象和独特的场所感，构建环境优美、配套丰富、宜居宜业的"时代新城"。

石家庄市美术馆

建设地点：河北省石家庄市
建筑面积：11 400 平方米
设计 / 竣工：2008 年 /2010 年

项目位于裕西公园东南角，设计充分考虑场地因素对美术馆布局的影响，尽量削弱美术馆庞大体量对周围环境的压力，使公园与建筑互相融合、互相渗透，努力形成"场中有馆，馆中有园"的优美意境，充分体现建筑与园林的互动关系。在整体布局上借鉴传统园林巧于因借、旷奥相济、小中见大、欲扬先抑、明暗相衬、塑造意境等手法，以序列型的陈列馆及三个带中庭的方形实体围绕一个中心庭院来营造空间氛围。

结构篇

黄丽红

1968 年出生，正高级工程师，一级注册结构工程师，注册土木工程师（岩土），注册咨询工程师（投资），一级建造师，监理工程师。1986 年 9 月至 1990 年 6 月，就读于东南大学土木工程系工业与民用建筑工程专业，获工学学士学位。1990 年 7 月大学毕业至今，一直在北方工程设计研究院有限公司从事建筑结构工程设计、研究和技术管理工作。历任结构室主任、所总工程师，现任公司专业技术委员会委员、结构分会副主任、建筑工程设计研究院总工程师。

社会任职

河北省土木建筑学会第九届理事会等多个学会理事；河北省土木建筑学会多个学术委员会委员；河北、山东等多省科学技术奖励评审专家，河北绿色建筑标识评审、标准评审等专家库成员；河北工业大学硕士专业学位校外导师、西安建筑科技大学本科生职业导师。

个人荣誉与学术成果

主持完成了百余项大、中型工程的设计及咨询工作，在高层复杂结构、大跨度结构、既有建筑改造、重型钢结构和地基基础等方面积累了丰富的实践经验，具有扎实的专业理论基础和深厚的专业技术水平。负责的项目结构类型众多，涵盖高层、超高层建筑、大跨度结构、钢筋混凝土结构、钢结构、混合结构等各种形式；范围广，遍布国内外 20 多个城市。获省部级优秀工程勘察设计奖 15 项。

依托实际工程的创新设计研究及深厚的实践经验积累实现跨学科交叉融合，在建筑抗震韧性、性能化建筑营造技术、新型建筑工业化及绿色节能建筑等领域进行了技术研究、标准编制，形成了专业特长及创新技术，具有深厚的技术积淀和较高的学术造诣。获河北省建设科技进步奖及中国机械工业科学技术奖 3 项；授权发明专利 1 项、实用新型专利 11 项；出版著作 5 部，发表论文 13 篇；主编和参编河北省标准、标准图集 40 余本。

2020 年荣获河北兵工学会优秀科技工作者称号，2021 年荣获河北省工程勘察设计咨询协会行业英才·时代先锋称号，2022 年荣获河北省工程勘察设计行业领军人才称号，带领团队连续多年获得公司最佳质量团队、最佳精益团队、科技创新先进团队等荣誉称号。

单位评价

黄丽红同志是优秀的河北省工程勘察设计行业领军人才、"忠诚、干净、担当"的中国兵器工业复合型技术干部。该同志具有深厚的学术造诣和良好的社会形象。参加工作 33 年来一直在生产一线从事结构设计、科研及技术管理工作，对事业充满挚爱之心、满腔热忱、不懈追求；工作中乐观、积极、向上，勇于探索，勇于创新，积极进取。该同志倡导精细精益品质设计理念，注重工程经验总结与科技创新；积极引领设计方法和技术手段的改进，推进跨学科交叉融合技术及业务拓展，致力于新技术在实际工程中的应用和提升；对技术创新充满激情，是科技自立自强的践行者。该同志政治品德和职业品德优秀，忠于公司事业，具有坚定的政治方向，学风严谨正派，是我公司兵工精神和文化"继承者、发扬者、传承者"的优秀代表之一。

笃行致远 不负芳华

一、家庭渊源，结缘结构

家父 1963 年于湖南大学毕业，被分配到北京的五机部第五设计院工作，后随单位搬迁至湖南长沙，最后回迁到河北石家庄。我们姐弟三人和母亲在湖南老家生活，直到我十岁时才随母亲调动至石家庄，与父亲团聚。在父亲的言传身教和设计院的氛围熏陶下长大，我深受老一辈工程师为国家建设"艰苦创业、敢打敢拼、无私奉献、不怕牺牲"的精神感染，很崇尚、尊重建设者。

1986 年高考填报志愿时，我欣然听从父母安排并选择了建筑行业。考虑到自己的理科成绩一直在班级名列前茅，尤其在数学、物理以及空间想象力有着突出的表现，我选择了中国建筑老八校之一的南京工学院工业与民用建筑专业。南京工学院是一所历史悠久、底蕴深厚的大学，1988 年更名为东南大学，其土木工程系起源于 1923 年，茅以升先生提议成立的土木工程系和电机工程系，师资力量雄厚，学习氛围强烈，诸多校友成为学界精英、行业翘楚、国之栋梁，声名享誉国内外。

在东南大学四年的校园生活充实而难忘。我聆听了丁大钧、蒋永生等前辈们的教诲，收获了扎实的专业知识，懂得了严谨求实、开拓创新；四年是我坚持不懈去晨练，强健了体魄，锤炼了品格，磨炼了意志。大四毕业设计时，我被分到了预应力组，手算完成三层预应力混凝土框架受力分析，进行施工图绘制。导师杨宗放推荐林同炎先生的《预应力混凝土结构设计》让我研读，他讲述了林先生的生平和成就，鼓励我们要成为像林先生一样高瞻远瞩、无所畏惧、自强自信的工程师，以国家和人民的福祉为己任，做技术创新和富于想象力的设计。老师们的谆谆话语，一直激励我不断前行。

二、初入职场，筑梦启航

1990 年我以优异的成绩大学毕业，与来自祖国各地近 50 名的毕业生一同来到中国兵器工业部第六设计研究院工作。我感到无比自豪和兴奋，准备在这里开启自己人生新旅程。

同年来到土建室的 30 多名毕业生全部为重点院校的本科生和研究生，可谓人才济济。为了让大家更好地适应新工作，尽快成长，把学到的理论知识与工程实际有机结合，土建室组织进行了为期三个多月的入职培训。主任王芝培亲自挂帅，大家集中学习，热烈讨论，互帮互助，共同进步；刻苦练习基本功，一笔一画书写仿宋字；进行厂房的整套模拟设计，复习理论知识，学习各类规范，掌握设计流程。

初生牛犊不怕虎。入职后我积极服从工作安排，展现年轻人的活力和冲劲。接到分配的项目，我统筹考虑、认真分析，遇到问题查阅资料、虚心请教。当时结构主体计算，首先要人工导荷绘制计算简图，然后编写数据文件，最后人工输入计算机采用平面杆系程序进行电算。我理论知识扎实、思维灵敏活跃，有明显的优势，经常高效完成每一项设计任务，因此很快崭露头角，获得同事的认可和领导的信任。

组长张洪波专业技术精湛，对年轻人开放包容、大胆任用，善于激发青年人的积极性和创造力。很感谢领导让我参与很多开创性的工作，让我有机会接触到各种不同特点的项目，快速积累了大量的工程经验。如 1991 年参与五洲医院地下五级人防设计；1992 年完成天津北方国际射击场项目、石家庄金融大厦项目（14 层）；1993 年作为主要设计人参与石家庄佳诚大厦的设计，该建筑是我院设计的当时高度最高，建筑面积最大的建筑，总高 138 米，建筑面积 11 万平方米，为大底盘多塔结构；1994 年完成石家庄南郊热电厂城市热力管网、华北制药厂提炼工房、杭州车桥厂厂房、常州天宁商城等项目。

因工作表现突出，我得到了更多重点培养的机会，如到北京参加赵西安高层建筑结构设计培训、TBSA 和 PMPK 软件培训等。我凭借擅长上机电算分析和参与过高层设计的优势，多次被借调到上海分院，先后完成了上海宾东大厦（26 层，框支结构，梁式转换）、连辉大厦（28 层、框架—核心筒结构）、宏辉大厦（22 层，框架—剪力墙结构）等项目的初步设计。

三、不断学习，求索奋进

1995 年初，我到厦门分院工作，院长王茂廷对方案完成度要求很高，建筑师马娟讲究品质，对结构提出了很高的要求。厦门九州花园，地下 3 层、地上 31 层，平面复杂呈 S 形，主楼住宅、裙房为商业。在结构总工叶文祥的指导下，我们对此项目进行方案比选优化，利用设备层做箱形转换，上部采用剪力墙，下部为框架—剪力墙，基础采用人工挖孔扩底灌注桩。项目设计完成后，业主引入第三方进行结构设计优化咨询，通过与咨询单位的交流沟通我学到了很多知识。这个项目虽然由于某些原因搁浅了，但这段经历对我的设计理念产生了重大影响：一是在考虑安全、适用、美观的同时，我开始关注经济指标，积累了大量项目的数据，为后来单位承接房地产项目提供技术积累；二是我更加注重概念设计和精细设计，把好钢用在刀刃上，争取做到同样的安全度，用钢量最少，同样的用钢量，安全度最高；三是要多走出去，与业内高手交流碰撞、开拓思路、兼容并蓄、博采众长，不断充实先进的技术知识。

1995 年 6 月，我返回总院，进入刘哲、齐建伟的土建室。这里高手如林，学术思想活跃，我开始与宫海军、郝贵强等众多高手合作共事，相互学习，互相促进，使我受益匪浅。

1995 年 7 月，厦门分院接手一个高层厂房项目，6 层框架结构，首层设置 5T ～ 15T 的四台吊车，业主要求施工图整品框架绘制，电子版出图，设计周期非常紧。因为当时都是手工绘图，很少有人掌握计算机辅助设计技术，分院领导找到我，希望我完成此项设计。受益于自己的前瞻性和自律性，我对新技术和新工具抱着积极的态度，不畏难，尽快学习、尽早掌握。那时我已经自学了 AutoCAD 软件，有较好的基础，稍加练习很快就上手了，不负众望按期完成任务。不久总院为提高生产效率，推广 AutoCAD 软件，要求大家甩掉绘图板。我积极分享经验，帮助大家学习应用 AutoCAD 软件，尽快熟悉掌握相关技能，快速度过技术革命的阵痛期，彻底甩掉了图板。

1997 年国家开始实行注册结构工程师执业资格制度，1990 年本科毕业的我需要考基础课、专业课。为此我重新拾起近十年都没翻过的高数、三大力学等课本。虽然辛苦，但我收获颇丰，工作多年后再复习看书，一切都迎刃而解，学习效率极高，对概念的理解更加透彻、系统、全面，理论知识得到升华，对设计、科研水平全面提升提供理论支撑。我充分体会到学习带来的满足感和成就感。之后，我连续通过结构师、岩土师、监理师、咨询师、建造师考试，拓展了知识广度，把设计向前、向后延伸，为全过程咨询打下了坚实的知识储备，大大提升设计综合能力和解决复杂问题能力。

四、迎难而上，敢为人先

2001 年 3 月，我担任我院第二设计所结构室主任兼主任工程师，2008 年 3 月担任第二设计所总工程师。我勇于担当，积极作为，用人所长，带头营造积极良好的工作氛围；鼓励大家形成学习向上的风尚，持续学习练好内功，项目完成后总结得失，不断创新精进技艺；勇挑重担，带领团队积极承担公司重点、复杂、大型项目，解决重大技术难点和问题。

任职期间我主持完成石家庄新合作大厦、衡水文化中心、石家庄市裕华区政府、廊坊新福家广场改造项目、石家庄之门及上海奉贤区市化工区危险废物综合利用处置项目等超限高层建筑的设计；主持完成了河北省第一届园林展览会主展馆和秦皇岛心乐园人体馆等大跨度空间结构；主持完成了中国兵器工业信息化基地项目、北京光电信息技术产业园、吉林东光集团有限公司长春高新区出口基地建设项目、石家庄京石协作创新示范产业园、石家庄地铁 2 号线（起点–塔谈南站的区间及车站）、河北医科大学第二医院正定新区项目及雄安新区中国电信智慧城市产业园建设项目等重点大型项目的设计。

2001 年，我院承接了亚太大酒店贵宾楼项目。I 区主楼地下 1 层，地上 9 层，根据丰富的工程经验，我采用天然地基 + 片筏基础的形式，未进行地基处理，节省了投资和工期，项目投入使用多年效果良好。为满足建筑使用功能，III 区一层游泳馆采用有黏结预应力框架，二层网球馆采用钢结构门式刚架。我利用先进的性能化设计理论，采取适当加大地震作用、提高关键构件及节点抗震性能和考虑不同结构阻尼比不利影响等措施，保证抗震安全可靠。

2002 年，我院承接当时北京军区联勤第七分部经济适用住房项目，采用国家和河北省重点推广的新技术——CL 结构体系。我针对高度超限进行专项分析研究，采取抗震加强措施，通过了超限审查论证；创新性地提出了结构整体分析时考虑 50 毫米防护层刚度影响的工程计算方法和应用于高层建筑的相关构造做法，编制了河北省《CL 结构构造图集》，为新技术的推广做出了贡献。

2003 年，我院承接石家庄站前综合楼海通大厦改造工程。原设计主楼地上 26 层，裙房 5 层，后均修改为地上 12 层，采用减沉桩解决地基不均匀沉降的问题；采用通过性能化分析适当提高承载力，解决构造措施不满足现行规范的问题。

2006 年，我院承接石家庄铁道学院行政办公楼接建工程。我创新性地设置耗能支撑构件，解决了既有建筑增层后平面不规则的问题，提高了建筑抗震性能，并减少了施工期间对正常办公的影响。

2008 年，我院承接吉林东光集团长春高新区出口基地建设项目。103 号厂房采用钢结构，采用抽柱设置托梁、纵向刚接取消柱间支撑等技术形成大空间，使工艺布置更加灵活。108 号厂房采用钢筋混凝土框排架结构，平面长度 120 米未设缝。

2009 年，我院承接邯郸市游泳训练中心项目。我通过采用双向预应力结构、钢管桁架等形式实现了楼、屋面大跨度空间的要求。

2012 年，我院承接华夏商务中心项目。该项目 2013 年获住建部三星级绿色建筑设计标识证书，地下部分采用现浇空心楼盖技术，在保证已完工基坑工程安全的条件下，实现建设单位将地下 3 层改为地下 4 层的要求。

2016 年，我院承接太原经济技术开发区保障性住房配建学校及人防绿地工程。该项目位于发震断裂带附近，采用隔震技术提高抗震性能；采用桩基础解决地基液化沉陷问题；采用现浇空心楼盖满足大教室空间要求；采用悬挑桁架解决中小学之间的连接问题。

2022 年，我院承接雄安新区中国电信智慧城市产业园建设项目。我们采用预应力囊式扩体抗浮锚杆解决局部抗浮不足的问题；入口门厅采用张弦梁屋盖，满足建筑轻巧、简约的要求。

五、精细精益，品质设计

在我的工作生涯中，我把每个工程都作为重点项目认真对待，依照安全、经济、适用、美观的原则进行多方案比较，从结构体系、结构布置、构件选型和细部构造等方面进行精细化设计，打造高品质工程，为业主创造最大价值。

我参与的石家庄万达广场项目，秉承"以人为本"的理念，充分考虑住户的生活习惯和需求，从生活细节、建造细节入手，与建筑、设备专业统筹协调，进行住宅功能空间优化，合理布置结构构件，编制详尽的结构统一技术标准和措施，进行精细化设计，为业主提供安全、舒适、经济的高品质住宅。

我参与的中国兵器工业信息化产业基地 302 号建筑物项目，各专业密切配合，充分考虑使用功能、造型美观，优化结构布置，采用预应力混凝土管桩进行变刚度调平设计，工程造价比当地同类型建筑降低近 20%，得到建设单位以及项目各方的高度认可。

另外，我主编《结构专业精细化设计实施指南》《结构专业强制性条文和安全隐患汇编》等多项公司技术规定和措施，组织项目评审、技术交流和工程总结，提升了公司整体的设计技术水平。

六、开拓创新，积极实践

2012 年 3 月，为提高公司核心竞争力、进一步提升品牌影响力，推进科技创新，公司决定抽调技术骨干力量成立结构研究中心，由宫海军担任中心主任，我任总工程师。围绕人才队伍培养、技术研发和技术支持、成果转化应用、社会影响力提升等方面，我们心无旁骛搞创新，一心一意谋发展，通过十年不懈努力，打造了一支具有科研创新能力、技术水平过硬、工程经验丰富、团结合作的工程技术研究与应用队伍。

结合行业最新的发展方向及动态，我们在实践中发现需求和问题，有针对性地开展了创新研究，并广泛应用于实际工程，解决了技术难题。结构研究中心先后承担省、市级重大科技项目15项；参编国家、行业标准5项，主编或参编地方标准44项、协会标准5项；出版著作14部；申请专利11项，授权发明专利1项，实用新型专利8项；发表学术论文32篇，其中核心期刊论文7篇；获省部级科学技术进步奖3项，河北省建设科技进步奖3项，省部级优秀勘察设计奖15项。

附：工程技术研究和创新成果

1. 结合工程实际，着力开展建筑韧性技术研究，推进韧性城市的建设发展

2018年，我作为专业负责人将抗震韧性理念引入北京外国语大学附属石家庄外国语学校新校区项目中，使之成为国内最早融合韧性概念进行抗震设计的项目之一，撰写论文《基于建筑抗震韧性评价标准的某教学楼抗震韧性评价分析》发表在《建筑结构》2021年第1期，并获得《建筑结构》年度优秀论文三等奖。

完成"基于城市更新的建筑抗震韧性关键技术研究与应用"等省市重点研发计划项目，研究了建筑抗震韧性理论，建立了建筑抗震韧性设计方法，主编了河北省《建筑抗震韧性设计标准》，其为国内首部抗震韧性设计方面的标准，申请专利1项。成果应用于河北省疾病预防控制中心新建实验楼项目、石家庄市东华铁路中等专业学校鹿泉新校区等项目。

主持了河北省《地质断裂带区域城乡建筑标准》的研编工作，对国内外主要强震的震害规律、建筑抗震技术要求及我省地质断裂带区域城乡的经济社会发展情况进行充分调研，分析并提出相关建议，并形成十万余字的调研分析报告。主编完成了标准的编制任务，标准的广泛应用提高了地质断裂带区域城乡建筑的防震减灾水平。

2. 跨学科融合，深入性能化建筑营造技术研究，推动建筑行业的转型升级

将传统建筑技术、新一代信息技术和智能制造深度融合，以建筑多项性能目标全过程可量化为目的，统筹考虑立项策划、设计、制造、施工及运营等各阶段因素，多专业协同进行精细设计、精确建造、精益管理，获授权专利1项。有力地推动建筑行业高质量发展，获中国机械工业科学技术奖三等奖。成果应用于石家庄新合作大厦、河北省第一届园博会主展馆和枣强县全民健身中心健身项目等超高层、大跨度空间项目，促进了专业创新，大幅提高了建筑品质和工作效率。

3. 突出绿色发展，开展新技术标准化研究，推动研究成果的转化应用

主持完成了"钢结构建筑技术调研和关键技术研究""钢结构建筑标准体系研究"等省住建厅课题。结合工程实际，完成了省级技术中心课题"钢结构复杂节点三维设计及加工技术研究""装配式钢结构部品部件可追溯可实时监测技术研究"。产学研深度融合，开展装配整体式灌芯混凝土剪力墙结构技术研究，推进成果转化。主编了河北省地方标准《钢结构住宅技术规程》《钢结构围护结构技术规程》和《装配整体式灌芯混凝土剪力墙结构技术标准》，并出版专著4部。

主持了节能建筑相关体系、被动式技术的研究，实现了技术集成；研发了装配式节能建筑体系。获得多项专利授权，主编几十项河北省地方标准及标准图集，获得省部级科学技术进步三等奖2项，成果广泛应用于大量实际工程。其中"聚苯模块低层复合墙建筑体系""桁架连接装配式墙体模块建筑体系"，安全节能、经济适用、便于施工，在美丽乡村建设行动中广泛采用，让科技新成果真正惠及百姓、惠及民生。

石家庄新合作大厦

建设地点：河北省石家庄市

建筑面积：115 468 平方米

设计 / 竣工时间：2012 年 /2016 年

获奖情况：河北省工程勘察设计项目一等成果、中国钢结构金奖 – 优质工程、二星级绿色建筑评价标识的超高层建筑

本项目高度 166.8 米，地下 4 层，地上 39 层。超限高层复杂结构，钢 – 混凝土混合结构体系，后压浆钻孔灌注桩 + 筏基。

赤道几内亚马拉博能源矿产部大楼

建设地点：赤道几内亚马拉博

建筑面：17 741 平方米

设计 / 竣工时间：2011 年 /2013 年

本项目主楼高度 37.6 米，地下 1 层，地上 7 层，框架 – 剪力墙结构，连体、大悬挑复杂结构。对当地地理、气候、人文习惯等进行充分了解分析，根据所在国建筑惯例及标准、建筑材料和施工条件等因素，合理选用设计标准、结构设计方案、建筑材料和技术措施。

北京电力设备总厂重型机械厂房

建设地点：北京市房山区
建筑面积：10 984 平方米
设计 / 竣工时间：2012 年 /2013 年

本项目面尺寸为 110 米 ×96 米，建筑高度 26.3 米。柱距 10.15 米，跨度 24 米（双坡）；设置双层吊车（200/50 吨桥式起重机 1 台、100/20 吨桥式起重机 2 台及 50/10 吨桥式起重机 9 台），轨顶标高 11.3 米、18.0 米。重型钢结构厂房，双阶柱，上柱为焊接实腹工字形截面，中柱双肢实腹柱，下柱采用双肢格构柱，基础采用钻孔灌注桩。

河北检验检疫局暨石家庄办事处技术业务用房

建设地点：河北省石家庄市
建筑面积：49 568.28 平方米
设计 / 竣工时间：2015 年 /2017 年
获奖情况：河北省工程勘察设计项目一等成果

本项目承担着河北省出入境动植物检疫、出入境人员卫生检疫和进出口商品检验监管的职能。项目地下 1 层，地上 23 层，建筑高度 99.5 米，框架 – 剪力墙结构，素混凝土桩复合地基 + 片筏基础。采用预应力结构解决报告厅大跨度空间要求；采用 BIM 技术，解决设计成果中错漏碰缺等问题，提升设计品质。

石家庄高新区京石协作创新示范产业园（石家庄市国际生物医药园）

建设地点：河北省石家庄市
建筑面积：236 190.70 平方米
设计 / 竣工时间：2017 年 /2019 年

科研办公楼地下 2 层，地上 9 层，连体结构，框架 – 剪力墙结构。其他厂房采用钢筋混凝土框架、框架 – 剪力墙结构。办公楼采用装配式钢框架结构。科研办公楼连接体部分跨度 29.5 米，采用钢框架，结合层高设置钢桁架转换层。

张国龙

1965 年 2 月出生，中共党员，大学本科学历，正高级工程师，一级注册结构工程师，注册土木（岩土）工程师。1984 年 9 月至 1988 年 7 月，在河北煤炭建筑工程学院工业与民用建筑专业学习；1988 年 7 月至 2000 年 8 月，历任保定市建筑设计院技术员、助理工程师、工程师；2000 年 9 月至 2007 年 12 月，任保定市建筑设计院高级工程师、副院长；2008 年 1 月至 2011 年 10 月，任保定市建筑设计院正高级工程师、总工程师、副院长；2011 年 11 月至 2022 年 12 月，任保定市建筑设计院有限公司正高级工程师、总工程师、副总经理。

社会兼职

河北省超限高层建筑工程抗震设防审查专家委员会第二、三、四届委员；河北省工程勘察设计咨询协会理事会第七、八届副会长；中国勘察设计协会抗震防灾分会全国隔震减震专家工作部委员；中国岩石力学与工程学会岩土地基工程分会第一届理事会理事；河北大学建筑与土木工程学院工程硕士学位研究生指导教师；河北工程大学土木学院特聘教授。

学术著作

1. 论文

《体外预应力法在加固钢桁架中的实践》2007 年发表在《建筑结构》A1 期；《河北农业大学体育馆网壳结构两种计算方法的比较》2006 年收录在《第六届全国现代结构工程学术研究会论文集》；《既有混凝土框架结构加固方案的对比分析》发表在 2021 年《建筑结构》A1 期；《某体育馆网架加固改造实施方案》发表在 2022 年《建筑结构》A2 期。

2. 规范图集

《约束混凝土柱组合梁框架结构技术规程》CECS347:2013、《装配式复合土钉墙支护结构技术规程》T/CECS1329—2023、《长螺旋钻孔泵压混凝土桩复合地基技术规程》DB13（J）/T123—2011、《农村住宅建筑抗震设计规程》DB13（J）/T197—2015、《CBR600H 高强钢筋应用技术规程》DB13(J)T207—2016、《建筑信息模型设计应用标准》DB13(J)T284—2018、《大体积混凝土跳仓法应用技术规程》DB13(J)T 292—2019、《农村住宅标准设计图集（冀中分册）》DBJT02-183—2020、《高延性混凝土加固砌体结构技术标准》DB13(J)8394—2020、《建筑垃圾再生产品应用技术规程》DB13（J）/T8472—2022。

单位评价

张国龙同志建筑结构理论基础扎实、实践经验丰富，主持设计了大型公共工程和标志性建筑近百项，获得全国优质工程项目 4 项，河北省优秀工程勘察设计一等奖 7 项，主编（参编）标准规程 10 部，在核心刊物发表论文 4 篇。2008 年分管公司技术质量以来，积极推动公司科技进步和产品研发，推动实施绿色建筑、低能耗建筑、装配式建筑、大跨度建筑、减隔震建筑、鉴定加固等技术应用工作，取得丰硕成果和可观效益。

知者创物，巧者述之，守之世，谓之工

《周礼·考工记》是中国历史上最早记录工匠活动和考核工匠的一本书，开篇第一句："国有六职，百工与居一焉。或坐而论道，或做而行之，或审曲面执，以饬五材，以辨民器，或通四方之珍异以资之，或饬力以长地财，或治丝麻以成之。坐而论道，谓之王公；作而行之，谓之士大夫；审曲面执，以饬五材，以辨民器，谓之百工。"《考工记》将工匠定义为"以饬五材，以辨民器"，"知者创物，巧者述之，守之世，谓之工。百工之事，皆圣人之作也……天有时，地有气，材有美，工有巧，合此四者，然后可以为良。"对如何做好工匠有了进一步诠释。《考工记》传承 2 600 多年后的今天，我也幸运地被列入百工之一，成为一名工程师，从事建筑结构设计已 35 年有余。有收获，有遗憾，有成功，有失败，有快乐，有感慨。

一、懵懂少年

冀中平原白洋淀北岸是我的故乡，这里地势平坦、一望无垠，四季分明，春秋短暂，夏冬时长，春季干旱少雨、风沙飞扬，夏季炎热多雨、常有洪涝，秋季天高云淡、气温凉爽，冬季寒冷干燥、多风少雪。这里植被丰富，乔木参天伟立，灌木郁郁葱葱，白洋淀的芦苇节长杆壮、柔韧如丝如铁、弯而不折；成片的黄麻浑身是宝，种子可以榨油，皮可以做成麻绳、绳索，麻绳广泛用于制鞋、服装、包装、建筑材料等，绳索是运输、吊装的材料。这方水土造就了冀中独有的民俗、景观、饮食、建筑等特色，是我最初看到的村庄、房屋、道路、桥梁的模样。

50 年前的农村，翻盖新房是人生中最大一件事，房子依据位置、地形、树木、财力等选择朝向和间数，绝大部分房屋坐北朝南，保证了采光和冬天的取暖，房屋间数多为三间或五小间。房子采用横墙承重，承重墙材料为土坯，外墙为 50 毫米厚土坯墙，有条件的家庭还要外贴一层烧制的蓝砖，保护土坯墙不受雨淋冲蚀，屋面为平屋面，南北自由找坡。屋盖承重为木结构，依次为大梁、檩条、木椽、苇薄、黄土（用于找坡、保温）、炉渣石灰（防水）。南侧开窗，窗口过梁为木质。在檐口、山墙等突出部位设置砖雕、砖画，雕画以牡丹、向日葵、喜鹊、蝙蝠等为素材进行加工涂色，表达对美好生活的憧憬。

盖房的材料需要长时间准备，烧砖是一个艰苦、费时的活计，选土、制坯、晾晒、烧制、出窑需要至少一年的时间。土坯制作一般在春天，大梁、檩、椽一般是从旧房拆下来再利用。苇薄需采购当年收割的芦苇现场编织而成。建房的季节在秋后，此时一年的收成已定，进入农闲时间，再者天气也不太冷，正适合从事室外建筑活动。盖房是人生的大事，是众人的乐事。地基决定了房屋是否牢固，打夯是加固地基的重要方法。乡亲们在生产队忙了一天收工后，各自回家吃过晚饭，不约而同地来到新房施工的现场。打夯的工具是一重约二百多公斤的碌磕，两根木杆夹住碌磕，用麻绳捆绑结实，木杆两头各四人，高高举起碌磕，自由落下，一步一夯，步步夯实。一夯落下，大地颤动，打夯的号子随机应变、灵活多样、诙谐幽默、妙趣横生、此起彼伏、响彻夜空，是那么激情四射，那么振奋人心。打夯号子一人领唱，他人呼应，一呼一应，整齐而浑然有力，表现出劳动人民的满腔豪情和英雄气概；"嗨吆个嗨吆，高高抬起，稳稳放吆，加把劲吆……"被美妙的号子振醒的孩子也凑到现场，在昏暗的灯光下欣赏着大人们的表演。生活虽然辛苦，但是一场打夯，夯出了团结，夯出了力量，夯出了坚实的地基，夯出了美好生活。

木工是一个受人尊敬的职业，房屋平面尺寸定位、檐口高度、窗口大小，门窗分隔形式均由木工确定。开工后，木匠就进场了。木料加工现场是人们最爱去的地方，因为在这里可以学习到许多建筑知识，也能听到许多奇闻逸事。锯子滋滋作响、斧头上下翻飞、凿子嗤嗤剔孔、刨子推出一朵朵美丽的木纹花朵，一切历历在目，好像发生在昨天一样。墨斗是一件最有文化寓意的工具，墨斗的形状如龙头、金鱼、虎头、祥云等，一台墨斗就是一种文化符号，被赋予了一种美好的希望。墨斗是准绳，在建筑建造中发挥着取直、定平的重要作用，木匠师傅在木料构件上放墨线标注，依据材料放线位置来加工制作，将墨线印在构件上的工艺流程，称为"弹线"。一件件陈旧、腐朽的木料经过木匠师傅弹线、锯、凿、刨、拼后都能成为有用的结构构件；弯曲的大梁弓背朝上，和檩条燕尾槽的组合体现了现代的力学原理和抗震构造措施。"立木支千斤""勾三股四弦五"等力学和数学关系体现了劳动人民的智慧和中华民族源远流长的文化传承。

二、初入职场

中学时代结束了，在报考大学志愿时，一位师兄告诉我将来干建筑很有前途。我当时分不清建筑学专业和工业与民用建筑专业的区别，所以填报的志愿大部分是工业与民用建筑专业，后有幸以第二志愿被河北煤炭建筑工程学院（后更名为河北建筑科技学院，又并入河北工程大学）工业与民用建筑专业录取。当年这个专业在河北省只招 10 名学生，我是最后一个被录取的。入学教育时录取老师单独召见我，把录取的详细过程告诉了我，要我珍惜学习机会，努力成为社会有用之才。

大学毕业后我被分配到保定市建筑设计院（简称保定市院），35 年没有换过单位，没有改变过职业，建筑结构设计成为我一生的工作。办理完入职手续后，我同分配到保定市院的十几名大学生开始集中培训学习。我们从办公室领回一号木图板、一字尺、丝线、三角板、圆规、橡皮、三脚图钉、刀片、铅笔、鸭嘴笔、硫酸纸、计算书、稿纸等。设计师的第一项基本功是用丝线把一字尺固定到图板，而一字尺弄够上下自由平行移动；第二项基本功是用刀片在硫酸纸上刮擦多次，硫酸纸不破不裂，还能继续着墨写字；第三项基本功是鸭嘴笔吸蘸的墨水恰到好处，既不吐墨又要尽可能长时间使用。经过一个月的集中培训，我熟悉了结构专业的设计范围和制图方法。培训结束后，我被分配到设计一室工作，结构设计从画楼梯施工图开始，因为楼梯独立一体且包含了梁、板的计算和配筋。楼梯设计既锻炼计算能力又提

高制图能力，我在画过十几个楼梯结构图后，转入稍复杂钢筋混凝土单梁和结构平面图设计。

在绘制单梁和结构平面图时发生了影响我结构设计的两件事。第一件事是设计家具商场，一座东西长 15 米，南北宽 7 米的二层小楼，只有建筑物周边 370 毫米厚的砖承重墙，室内空旷，一部楼梯直通二楼。一层结构平面布置 7 米跨度开间梁四根，问题出在 7 米跨开间梁计算上。由于当时处在钢筋混凝土结构设计规范新旧交替之际，原设计规范采用安全系数法，抗力和作用力之间用一个系数解决，新的设计规范采用概率统计原则和极限状态设计理论的荷载系数设计方法，两本规范的材料强度、荷载取值均发生变化。我接到设计工作，首先完成单梁的计算并在计算书工整抄写一遍，然后用半天时间完成施工图设计，经校对、审核后就正式盖章发图。交图后我又查看了一遍计算书，发现计算书有问题，计算是按照新规范的公式和材料强度进行的，但是恒载没有乘系数 1.2，活荷载没有乘系数 1.4，而图纸已发一段时间，我内心非常纠结和不安，在分析了梁的截面尺寸、混凝土强度、配筋数量等因素后，虚荣战胜事实，我没有对任何人讲此事。待到主体验收时我去了现场，梁在那静静地横卧着，我内心不平静地望着它，它本是没有感情的物体，但我感觉它在痛苦地默默承受。家具城开业后我又去过现场一次，梁还在那静静地横卧着，没有表现出不满和放弃。家具城后来多次改变经营内容，建筑物一直坚挺地工作，好在钢筋截面面积比计算值大，虽然梁没有发生裂缝和其他破坏，但结构的安全储备距规范要求其实还差一点。我们结构设计技术人员容不得半点马虎和粗心，当发现错误和不安全因素时应及时纠正、人命关天，"安全"永远是结构设计的第一要务，勇于承认错误和改正错误，是结构设计人的优良品质。第二件事是设计一个单层砖砌体库房，层高 7 米，上下两排窗，大门口高度高于第一排窗口上皮，承重墙中间设置钢筋混凝土圈梁，第一排窗上皮代替窗过梁。大门口截断了圈梁，以致圈梁不能交圈，大门口上皮的雨篷过梁与圈梁搭接长度与规范要求差一点。工程交底时，

施工单位来了一位瘦高、戴眼镜，有学者风范的老工程师。他用各颜色的笔在施工图上勾画，标明钢筋混凝土的位置、尺寸、配筋等信息，每种笔代表不同的钢筋混凝土构件。当说到圈梁不交圈时，他还提出了解决交圈的办法，我在一旁听着，后背呼呼冒着热汗，一是为我的错误感到羞愧，二是老工程师严谨治学的态度感动得我热血沸腾，坚定了我严格要求自己、一丝不苟的设计态度，提醒我要知耻而后勇，在错误面前要红红脸、出出汗，时刻认识到自己存在缺点和不足，完成一张图纸要总结一篇经验教训，不断地吸取经验教训，牢记好产品是防止和抵御危机的最好方法，也铭记产品就是人品的训言。

三、抗震救灾

2008 年 5 月 12 日下午 2 点 48 分，四川省汶川县发生里氏 8.0 级特大地震，震后，面对规模空前、难度空前的"世界性重建难题"，党中央国务院果断启动对口支援机制，做出"一省帮一重灾县"的决策。保定市建筑设计院接到对口支援任务，紧急成立以院长陆峰为组长的抗震救灾领导小组，派出我带队前往四川灾区。在前往灾区的路上，我想象四川灾区的情况，可能房倒屋塌、流离失所，灾区无水、无电、无吃、无住，一派混乱？邢台地震时我才整一周岁，只是听过大人们讲述地震时房屋、树木的晃动和感受；唐山地震时我已经 13 岁，当时我感觉到了地震的晃动，公共广播的高音喇叭不断播报着唐山抗震救灾英雄壮举，周边时常发生破坏性地震，但也没见过灾区真实场景。这次真的要到地震灾区了，我浮想联翩、思绪万千。23 日晚，我们到达成都市，24 日上午保定市前线指挥部正式成立，一行 5 人，租了一辆面包车奔向崇庆市街子镇。5 月的成都平原，天气晴朗，一路看到大地一派丰收景象，已落叶待收的油菜亭亭玉立，刚插秧的稻田郁郁葱葱，应季蔬菜挂满枝头。车渐渐接近龙门山脉，我发现路边的房屋倒塌、砖墙外闪，路上行驶着运输家具的车辆，偶尔见到有人在农田中耕种。这就是地震灾区了。我们在崇庆市、都江堰市、平武县整整工作 3 个月，看到了建筑物的破坏形态，在震区获得了第一手震害资料。砌体结构破坏形式：窗间墙交叉剪切破坏，楼梯间墙体支撑破坏，楼梯段板拉裂破坏，局部垮塌；底层框架结构柱顶底的斜压破坏，柱顶节点的剪压破坏，角柱折断，框架结构梁柱的剪压、斜拉破坏，填充墙的剪切破坏，整体倾斜，抗震缝碰撞；屋顶女儿墙、出屋面塔楼、塔架的鞭端效应破坏；地面裂缝、塌陷、液化破坏；建筑物刚度不均匀的扭转、错层破坏；还有更多无法解释的破坏性形态。都江堰市聚源中学的震后现场惨不忍睹。作为一个结构设计人亲临现场，我看到人类在地震面前的无力和痛苦，认识到结构设计者的责任和重担，提高了对建筑物抗震设计的认知程度，感受到党和政府的英明决策和社会主义制度集中力量办大事的优越性。

四、探索实践

为落实好发展理念，推动结构设计高质量发展，我在绿色建筑、既有建筑物检测鉴定、减隔震技术等方面进行了探索和实践。

公司新建设计研发中心按三星级绿色建筑设计、建造、运维，围绕如何实现三星级绿色建筑的指标，提出结构设计的四个要素。一是地基基础设计，必须对建筑物所在区域的工程地质状况进行有效的勘察，依据实际地质构造特点进行合理推断，通过现场试验和专家论证确定地基承载力等指标；结构设计根据工程地质勘察报告，并对基础方案进行综合分析比较，采用刚度调平理论确定钢筋混凝土筏形基础厚度，达到安全耐久、节水节材的目的。二是结构体系选型合理，结构设计必须对建筑物的详细用途和空间要求进行深化分析，充分理解建筑师设计思想，加强抗震概念设计措施，采取合理的柱、梁、墙截面尺寸和结构平面布置，使用两种以上结构分析软件比对，依据弹塑性数据分析和性能化设计，从中选出抗震优良、用材合适的结构形式。三是结构构件优化，在注重整体设计的同时，加强结构局部构件的精细设计，主要是连梁、墙肢、挡土墙截面和配筋、钢筋混凝土板板块划分、降板、非结构截面优化，使用高强钢筋和高性能混凝土,选用属地材料。四是专业间配合,建筑专业的平面功能布置、人防位置、建筑类别和级别、建筑工程做法、建筑材料等都与结构耐久性和造价有关。结构设计一定要结合其他专业需求,要有系统思维方式,谋划好结构设计全局篇章,真正实现绿色建筑的安全耐久、健康舒适、资源节约、环境宜居的目标。

房屋安全检测鉴定是对既有房屋建筑结构的使用状况、完损状况、安全程度、抗震性能等进行鉴别与评定:一是直接安全和规范安全的关系;二是整体改造和局部改造的关系;三是现行规范和原规范的关系;四是后续工作年限和已完成工作时间的关系;五是地基基础鉴定结果与建筑现状的关系;六是结构构件安全和结构体系安全的关系;七是拆除和加固的关系;八是设计思维和鉴定思维的关系。

2021年国务院颁布的《建筑工程抗震管理条例》(第744号)第十六条规定:"位于高烈度设防地区、地震重点监视防御区的新建学校、幼儿园、医院、养老机构、儿童福利机构、应急指挥中心、应急避难场所、广播电视等建筑应当按照国家有关规定采用隔震减震等技术,保证发生本区域设防地震时能够满足正常使用要求。"保定市共有12个县(区)是地震重点监视防御区,雄安新区是高烈度设防地区,为此制定了《建筑工程消能减震与隔震设计管理导则》《建筑工程消能减震与隔震设计技术导则》和《隔震支座和消能阻尼器标准化标记的规定》。《建筑工程消能减震与隔震设计管理导则》规定了减隔震工程设计路径、工程规模、采取的方法等;《建筑工程消能减震与隔震设计技术导则》规定了设计减隔震项目应采用的参数、计算方法、控制指标、施工图设计深度等;《隔震支座和消能阻尼器标准化标记的规定》统一设计成果中隔震支座和消能阻尼器的名称、标记、技术参数要求,为标准化设计提供保证。三个规定推进了减隔震设计的进程,提高了减隔震设计水平,扩大了市场范围。

五、守正创新

结构设计专业历史悠久,理论创新的内容已经不多,技术应用和技术组合集成是探索的重点领域。守正创新是结构设计的必由之路。结构设计的守正就是重视概念设计,概念设计就是以工程概念为依据,用符合客观规律和本质的方法,对所设计的对象做宏观的控制,控制就是在设计各个阶段对设计的所有内容,包括结构体系、结构布置、构造处理原则,采用的计算方法等提出结构设计方案,概念设计是工程师的思维活动,体现着结构设计师的知识水平和设计水平。结构设计的本质都是结构力学、材料力学的问题,建筑物的破坏都会回归到结构荷载—结构行为—结构抗力—结构破坏,结构工程师能够做到概念优先,深刻理解规范背后的真相,就把握住了守正的真谛。结构工程师创新的就是抛弃以产品为中心的观念,建立以用户为中心的理念,辅以哲学的观点和社会学的洞察力,把熟稔于心的基础理论融入工程实践,勇于开拓、敢于担当成为结构工程师的标签。中华民族文化源远流长,"天有时、地有气、材有良、工有巧"是先人的总结,现在的结构工程师照样需要遵循,了解建筑物所在地气候、地质、材料情况,再发挥工程师的才智,一座精美绝伦的建筑作品定会呈现于世人面前。

保定市建筑设计院有限公司新建设计研发基地项目——设计研发中心

建设地点：河北省保定市
建筑面积：29 398 平方米
设计 / 竣工：2018 年 /2020 年
获奖情况：2021 年获河北省优秀工程勘察设计奖一等奖

本项目地下 1 层、地上 19 层，结构采用钢筋混凝土框架—剪力墙结构。设计采用绿色建筑三星级标准，主楼基础采用筏型基础，裙楼采用钢筋混凝土独立基础，地基承载力采用载荷实测数据。体育中心采用 35 米 × 35 米跨度，屋面绿化面积 400 平方米，活荷载取值 4.0 千牛 / 平方米，以屋盖采用正放四锥钢网架，主楼核心筒偏置，增加边框架梁尺寸以提高整体侧向刚度，使层间角位移符合规范要求。项目整体采用高强混凝土材料和高强钢筋。

保定电信枢纽大楼扩建工程

建设地点：河北省保定市
建筑面积：32 000 平方米
设计 / 竣工：2000 年 /2004 年
获奖情况：2006 年获国家优质工程银奖

　　本项目地下 2 层、地上 18 层，总高 84.3 米，采用钢筋混凝土框架—剪力墙结构。该建筑主要功能为电信机房，普通楼面活荷载为 5.0 千牛 / 平方米，电池室等房间为 30 千牛 / 平方米，地基采用天然地基，基础采用筏型基础，柱混凝土强度等级为 C60（高强混凝土），钢筋采用 HRB400（新三级钢筋），粗钢筋直螺纹连接。项目采用住建部推广新技术六项。

保百购物广场扩建工程

建设地点：河北省保定市
建筑面积：70 000 平方米
设计 / 竣工：2007 年 /2009 年
获奖情况：2012 年获国家优质工程银奖

　　项目地下 3 层，为停车库，地上 5 层，其中 1~3 层为商业卖场，4~6 层为地上停车楼，采用钢筋混凝土框架—剪力墙结构。地下 3 层和地上 1~3 层抗震设防类别乙类，地上 4~6 层停车楼抗震设防类别丙类，柱间距 10 米、层高 6 米。地下 3 层为人防工程，采用无梁楼盖结构，地上采用框架梁板结构，设置膨胀加强带以解决结构超长问题。

汇博·上谷大观

建设地点：河北省保定市

建筑面积：240 256 平方米

设计／竣工：2016 年／2018 年

获奖情况：2019 年获河北省建设工程勘察设计二等奖

本项目地下 2 层、功能为车库和设备用房，地上分为 6 座 19~29 层塔楼及 4 层裙房，1~4 层为商业。1# 地上 25 层，功能为公寓，钢筋混凝土框架—核心筒结构；2# 地上 29 层，功能为办公楼，钢筋混凝土框架—核心筒结构；3# 地上 20 层，功能为公寓，钢筋混凝土框架—核心筒结构；5# 地上 27 层，功能为公寓，钢筋混凝土框架—核心筒结构；6# 地上 19 层，功能为公寓，钢筋混凝土框架—核心筒结构；7# 地上 2 层，功能为影院、商业用房，钢筋混凝土框架结构。设计特点在于对超长结构混凝土裂缝的控制，主要采用设置了后浇带。地上主楼与裙房设缝分成独立结构单元，受力分析简单明确。电影院观众厅 18.9 米 ×20.0 米，屋顶采用 DCKJ 混凝土密肋空腔楼盖。

保定大学科技园

建设地点：河北省保定市
建筑面积：43 543.9 平方米
设计 / 竣工：2003 年 /2007 年
获奖情况：2014 年获河北省建设工程勘察设计一等奖

　　本项目地下 1 层，地上主体分 A 座、B 座。A 座地上 25 层，B 座地上 6 层，裙房 2 层。A 座、B 座后退为 "L" 形布局，在整个园区入口处形成环抱和欢迎的姿态。建筑整体布局疏落相宜、风格朴素自然。

　　该项目地下 1 层为车库、设备用房和职工餐厅，地下可停车 155 辆。地下室设置光导照明与窗井进行采光，最大程度上利用了自然采光，达到了节能的效果。车库夹层为自行车库，最大程度解决了园区企业员工停车的问题。首层为研发及服务用房。为了将绿化与建筑相融合，让办公环境充满愉悦的轻松氛围，本层设置了绿化内院、绿化庭院、浅水池。2~26 层为研发办公用房。其中 2 层设置屋顶花园，作为企业员工良好的露天展示及交流活动的场所。裙房人流可从北侧室外大楼梯经屋顶花园进入主楼。

设备篇

莘亮

1971 年 7 月生，1993 年 7 月毕业于上海同济大学供热、通风与空调工程专业，大学本科学历，获得学士学位。毕业后分配到河北省建筑设计研究院有限责任公司从事暖通设计工作至今，历任暖通主任工程师、专业副总工程师，专业总工程师。国家注册公用设备工程师（暖通空调）、国家注册公用设备工程师（动力）、国家注册咨询工程师，德国 PHI 被动房认证设计师，正高级工程师。

社会任职

中国建筑学会暖通空调分会理事、中国建筑学会专家库专家、中国勘察设计协会建筑环境与能源应用分会常务理事、中国土木工程学会工程防火技术分会理事、河北省土木建筑学会暖通空调学术委员会理事长、河北省制冷学会副理事长。

主持工程情况及荣誉

主持的建筑工程暖通专业设计：石家庄华润中心、上海新源广场、石家庄综合商务中心、北朝考古博物馆、邢台市博物馆、邯郸市科技中心、石家庄大剧院、石家庄万达广场五星级酒店及 5A 级写字楼、四川省平武县人民医院重建工程、秦皇岛市档案馆工程、石家庄艺术中心升级改造等。

主持的建筑节能改造、绿色建筑及被动式超低能耗项目咨询、清洁能源供热设计、热力设计工程：石家庄、张家口市住宅分户热计量改造设计；中国联通雄安产业园项目（三星）、邯郸城发大厦（二星）、石家庄云墅府教学楼被动房咨询；石家庄三友供热公司中水源热泵区域分布式供热、石家庄塔坛国际贸易城中水源热泵集中供冷供热项目；石家庄市国际贸易城区域集中能源站供冷供热项目、石家庄恒大御景半岛、盛邦大都会项目区域能源供热站等。

主持及参与的河北省公益性标准和科研：《被动式超低能耗建筑节能检测标准》《分体式地埋管地源热泵系统工程技术标准》《被动式超低能耗居住建筑节能设计标准》《城市智慧供热技术标准》《供热庭院管网系统智能化技术标准》《民用建筑节能设计规程》《居住建筑节能设计标准》《公共建筑节能设计标准》《供热计量技术规程》《既有居住建筑节能改造技术标准》《方舱医院建筑设计标准》《绿色建筑评价标准》等地方标准；河北省被动式超低能耗建筑系列标准、方舱医院建筑技术应用研究、建筑信息模型在住宅设计中的应用研究、居住建筑节能设计标准等科研课题的应用研究。

单位评价

莘亮同志 1993 年大学毕业分配至河北省建筑设计研究院从事暖通设计工作。工作上勤勤恳恳、任劳任怨，认真学习专业知识，钻研专业技术，为本专业的青年设计师做出了表率。2011 年任我院暖通总工后，作为暖通专业的领头人，为我院暖通专业的设计质量的提高和技术进步提供了重要保障，为保持我院暖通技术的创新发展在省内处于领先地位做出了重要贡献。主持领导河北土木建筑学会暖通空调学术分会，积极开展学术交流，组织并指导行业内设计竞赛，为我院赢得了荣誉。在日常工作中善于创新，开拓新的技术发展领域，勇于实践，培养新型专业人才，组建并指导了的能源与动力设计研究所、绿色建筑与超低能耗研究中心的工作，其成果在我省相应领域内具有一定的影响力。

关注冷暖，谨记于心，笃之于行

1993 年 7 月，我从上海同济大学热能工程系供热、通风与空气调节专业毕业。当时还是包分配的年代，我从小在石家庄长大，心系家乡，就被分配到了河北省建筑设计研究院参加工作。

我的家庭中没有从事建筑行业的长辈和亲戚，对建筑设计师的工作环境和内容比较陌生。7 月到单位报道后，我被分到了设计三所暖通室，师从暖通专业室主任洪佩华高工。洪佩华老师 1997 年担任了我们院的暖通专业总工，2001 年担任河北省建筑行业暖通专业图审技术总负责人，影响了河北省一大批暖通专业技术人才。洪总是一个工作严谨、热爱学习、设计思路清晰、专业知识扎实、勇于创新的设计师和老师，在暖通负荷计算、设计方案制定、图纸表达等方面对我以后的学习、工作和专业进步产生了很大的影响，使我受益匪浅。

20 世纪 90 年代初，设计院还是以手绘为主、计算机辅助设计绘图的时期，一笔一画的手工制图对刚参加工作的年轻设计师是一种锻炼。刚上班时，我有幸参加了院内重点工程河北省会堂、河北省第二医院病房楼的设计收尾工作。虽然我只是一个辅助手工绘图员，但在设计过程中受到了老一辈设计师精益求精、一丝不苟的工作作风影响。

20 世纪 90 年代中期是上海基础建设大发展的时期，河北省建筑设计研究院（简称河北院）的管理层审时度势，依托华东建筑设计院，采取合作、协作设计，开拓了上海市场，创立了上海分院。河北院内一批批的骨干设计师轮流常驻上海，承接了黄浦区医院、黄浦区政府、上海建明大厦等一系列有影响力的设计项目，设计理念和技术水平有了很大的提高，从而造就了河北省建筑设计院发展史上的一个腾飞阶段。从 1994 年开始，河北省建筑设计院在国内率先开始全面采用计算机设计绘图，取代传统的手工制图，提高了工作效率和图纸的准确性。由于个人对计算机设计绘图技能掌握相对较好，1995 年和 1997 年，作为年轻助理设计师，我两次被派到了上海分院，参与了上海新源广场初步设计、上海小莘庄项目等。在分院工作时，我一方面学习和提升了自己的设计水平和工程经验，一方面锻炼了处理工程现场问题的能力，为以后的专业技术发展奠定了基础。

1998 年我所在的设计部门拆分，我被调整到了设计二所暖通组。在这个部门，我先后参与了河北省艺术中心、河北医科大学图书馆、东北大学秦皇岛分校教学主楼等项目，在日常的设计工作中，逐步锻炼和提升了设计技术能力和专业技术水平。河北院高速发展，不断开拓新的地域和设计市场，2001 年，我被安排到设计二所的秦皇岛分院。分院只配备一名暖通专业技术人员，这让我在暖通方案前期、设计计算绘图、工地技术交底、现场施工服务等过程中得到了全面锻炼。在总部主任工的指导下，我顺利完成了各项任务，提升了自己独立学习和处理问题的能力。2002 年，作为一名优秀青年暖通设计师，我再次调到河北省建筑设计研究院上海分院，参与上海华夏金融广场的设计工作。华夏金融广场原名为上海复兴大厦，是河北省建筑设计研究院最早承接的超高层双子座大厦。项目总高 158 米，位于上海南外滩，是当时上海南外滩的标志性建筑。受 90 年代经济危机的影响，1995 年设计完成后，仅完成了其中一栋单体塔楼结构工程，2001 年经济复苏后，调整平面功能，重新进行设计、施工，工程建成后更名为上海新源广场，为上海南外滩的国际甲 A 级金融机构办公中心。上海分院工作完成后，我回到设计二所继续从事暖通专业设计，先后参加了石家庄正定小商品市场、棉二生活区改造、河北医科大学高层住宅等设计项目。2004 年，我作为暖通专业负责人设计的秦皇岛东北大学教学主楼项目获得河北省优秀勘察设计二等奖。在工作过程中，我加强业务学习，不断提升自己的技术能力，1998 年 7 月取得工程师职称，2003 年 12 月取得高级工程师资格，2005 年 10 月取得注册公用设备师（暖通空调）资格，2006 年 10 月取得注册公用设备师（动力）资格，完成了作为一名优秀暖通动力设计师基本资格证书要求。

2006 年，河北建筑设计研究院有限责任公司进行部门改革，调整设计生产部门，我被调整到设计三所，担任暖通专业主任工，这也成为我在暖通设计工作中的一个新起点。设计三所现在是河北省内建筑设计行业的标杆单位，在这个部门的工作经历，使我从暖通专业设计师发展成为合格的专业主任工，在专业技术把控、专业人员管理、青年设计师教育等方面得到了锻炼和提升。得益于设计三所的飞速发展，我参与了众多优秀项目。2007 年，作为暖通专业负责人我承担了天津市滨海新区响螺湾王相大厦设计。本项目属于超高层综合建筑项目，总建筑面积 8 万平方米，是河北省在国家重点实施的塘沽开发区的唯一项目，也是河北省建筑设计院首次在天津进行的超难度设计项目。我们经过现场调研、收集当地的节能、消防及其他工程资料，顺利完成了设计，通过相关审查，设计文件和图纸得到甲方和当地建设管理部门的好评。2008 年，作为暖通专业负责人我承担了秦皇岛市妇幼保健院综合病房楼设计。本项目属于河北建筑设计研究院有限责任公司承担的第一个妇幼专科综合医疗建筑项目，总建筑面积 3 万平方米，是河北省妇幼保健系统第一个重点项目，包括门诊、医技、手术、ICU 及省内目前最大的儿科 ICU。我们经过参观学习，搜集工程资料，在较短的时间内完成了初步设计、施工图设计，经过两年的建设项目顺利投入了使用。2008 年，汶川地震后，河北省对口援建四川平武县，我院承接四川平武县人民医院重建工程，建筑面积 2.8 万平方米，建设地点位于四川绵阳平武县城内，是河北省重点援建项目。平武县人民医院建成后，获得四川省优秀勘察设计一等奖、河北省优秀工程勘察设计奖一等奖。2009 年，我作为暖通专业负责人负责的秦皇岛市档案馆工程获得河北省优秀工程勘察设计奖一等奖。2010 年我作为暖通专业负责人，完成石家庄万达洲际酒店、5A 级写字楼的工程设计，项目已竣工并投入使用。该项目目前仍是石家庄最高档的酒店和写字楼。2011 年，作为暖通专业负责人，我主持了石家庄综合商务中心（设计总面积约 62 万平方米）和石家庄祥云国际吃遍中国项目（建筑面积约 110 万平方米），后者是河北省同类型的最大在建项目。

伴随着设计三所的进步，2009 年我担任了院暖通专业副总工程师，作为暖通专业审核人和技术把关人，完成了多项重点项目，其中石家庄万达商业综合体、阳原博物馆、磁州窑博物馆获省优秀工程勘察设计奖一等奖，磁县一中教学楼、260 医院病房楼等获省优秀工程勘察设计奖二等奖。

2011 年，由于工作需要，我担任了河北建筑设计研究院有限责任公司暖通专业总工程师并持续至今。我作为单位暖通专业技术负责人参与和指导了河北省档案馆、石家庄档案馆、北医三院秦皇岛分院、正定县人民医院、河北地质大学新校区、衡水万达广场、石家庄帝王国际商业、河北中烟公司钻石广场、华府希望大厦（青少年宫总体改扩建工程）、石家庄华强广场、邢台人民医院、中冶德贤公馆、北朝博物馆、邯郸报业大厦、石家庄裕华万达广场商业综合体、邢台市眼科医院、北国商城扩建工程、弘城国际、河北出版传媒创意中心、河北出版物发行中心、石家庄恒印广场、石家庄档案馆河北艺术中心升级改造等公共建筑，永昌维多利亚小区、石家庄荣盛华府世界文化传媒国际交流中心、孙村城中村改造、万科翡翠公园、邯郸美的城、龙湖小区等居住项目，涉及在河北省参与开发的永威、恒大、万科、美的、金科、龙湖、勒泰、旭辉等知名地产的住宅类建筑。其中北朝考古博物馆、邢台博物馆、邯郸科技中心项目获河北省优秀工程勘察设计奖一等奖，石家庄大剧院项目获中国勘察设计协会二等奖和河北省优秀工程设计一等奖。

建筑行业的发展要求我们不断拓展知识结构、深化本专业技术理论，同时积极开展相关领域的交流、学习和实践工作。随着我院多元化的发展需要，2012 年成立了能源动力设计所，我兼任所长并主持日常技术及经营工作，同时作为设计院动力专业的技术负责人编写制定了院《压力管道统一技术规定》等技术和程序性文件，并取得压力管道 GB2 设计资质，承揽了河北省石家庄、张家口地区约 150 万平方米的居住建筑供热计量改造设计项目，石家庄碧水蓝天能源替换工程，如恒大御景半岛小区、盛邦小区的燃气锅炉房及换热站、石家庄桥东区三友中水源热泵区域分布式供热站项目、石家庄塔坛国际贸易城中水源热泵集中供冷供热项目的工程。项目投入使用后，运行稳定，效果良好，获得各方面的好评。

建筑行业经过十余年的高速发展，逐步向高质量发展阶段转变，以满足人民对美好生活追求，住建部提出全面发展绿色建筑，推广超低能耗建筑，把增进民生福祉作为根本目的，突出了"以人为本"的发展思想，以实现国家的"双碳"战略目标。《河北省促进绿色建筑发展条例》规定了被动式超低能耗建筑建设目标，并提出了高质量发展的技术要求。顺应时代发展的需求，河北建筑设计研究院有限责任公司领导层决定建设一支专业化、高素质、有影响力的团队，即成立绿色建筑与超低能耗研究中心。在 2018 年通过德国 PHI 被动房认证设计师后，我有幸参与该团队的工作，进行绿色建筑和被动式超低能耗建筑全过程咨询服务，负责方案制定、模拟计算、成果审核、项目管理等技术管理工作，指导了中国联通雄安产业园（三星）、邯郸城发大厦（二星）、石家庄铁道大学综合楼（二星）等绿色建筑和石家庄云墅府教学楼被动房等项目的咨询工作，并顺利通过专家评审，组织实施，成果获得业内好评，为河北建筑设计研究院开拓了新的业务领域，该团队在省内建设科技领域具有一定的影响力。

科研、标准与设计三者相辅相成，设计依据标准，科研提升设计。在工程项目实践中，我在建筑节能、绿色建筑、可再生能源利用、智慧供热技术领域开展研究创新，不断总结归纳和工程应用，积极参与河北省地方标准制定和重要课题研究。在建筑节能方面，参与编制了河北省地方标准《民用建筑节能设计规程》《居住建筑 65% 节能设计标准》《既有居住建筑节能改造技术标准》《公共建筑 50% 节能设计标准》《被动式超低能耗居住建筑节能设计标准》《被动式超低能耗建筑节能检测标准》《绿色建筑评价标准》《绿色建筑评价标准（京津冀）》；在可再生能源利用和供热领域，参与编制了《分体式地埋管地源热泵系统工程技术标准》《供热计量技术规程》《空气源热泵直热式辐射供暖技术规程》

《民用建筑太阳能热水系统一体化技术规程》《城市智慧供热技术标准》《供热庭院管网系统智能化技术标准》等公益性标准。在课题研究方面，参与河北省被动式超低能耗建筑系列标准，获华夏建设科学技术三等奖；方舱医院建筑技术应用研究、建筑信息模型在住宅设计中的应用研究、居住建筑节能设计标准获河北省住建厅科技进步一等奖等；参与编著了《建筑领域合同能源管理制约因素与对策》一书。

作为暖通行业的从业者，我积极参加各项社会工作。河北省建筑设计研究院方国昌院长既是我们院暖通专业总工，也是河北暖通界的领头人，同时还是全国暖通勘察设计协会副理事长。从 2000 年起，我协助方国昌院长定期举办河北省暖通空调学术交流大会，组织和编辑河北暖通学术论文。经过 20 多年的锻炼和成长，我现在担任了中国建筑学会暖通空调分会理事、中国建筑学会专家库专家、中国勘察设计协会建筑环境与能源应用分会理事、中国土木工程学会工程防火技术分会理事、河北省制冷学会副理事长、河北省土木建筑学会暖通空调分会理事长、河北省建筑环境与能源应用委员会理事长、河北省绿色建筑产业技术研究院专家咨询委员会委员、河北省工程勘察设计专家委员会专家、河北省城市建设投融资协会咨询专家、河北省土木建筑学会绿色与超低能耗学会常务委员，也是河北省绿色建筑专家库、消防专家库、装配式专家库、被动式超低能耗专家库、老旧小区改造设计专家库、河北省科协智库专家，为河北省暖通、制冷、供热、建筑节能、绿色建筑等各项工作做好服务。

感谢河北建筑设计研究院有限责任公司的工作平台，感谢各级领导对我的指导，感谢同事们的支持和帮助，我定然会时时保持勤奋的学习态度和严谨的工作作风，开拓创新，争取更大的进步。

石家庄华润中心

建设地点：河北省石家庄市
建筑面积：473 000 平方米
设计 / 竣工：2014 年 /2019 年
获奖情况：2021 年河北省建设工程勘察设计
一等奖

　　该项目华润地产投资建设的超高层建筑、特大型城市商业综合体，是石家庄市城市中心区改造项目，也是石家庄市重要的商业建筑之一。

　　该项目为超高层塔楼，建筑高度 134.76 米，最高层数为 38 层。绿色建筑一星级。建筑主要功能包括商业、餐饮、院线、健身、特色商业街、KTV、办公、超市等。项目设计采用了 BIM 设计技术，努力营造健康、舒适、方便的商业环境。

石家庄综合商务中心

建设地点：河北省石家庄市
建筑面积：387 000 万平方米
设计 / 竣工：2010 年 /2012 年

　　本项目位于石家庄市正定新区临济路以北，福建道以南，南宁街以东，云南街以西。地上面积 25.731 万平方米，地下面积 12.948 万平方米。主体高度为 56.420 米。地上共 12 层，地下 2 层。地上部分主要用于办公、会议、餐厅、其他服务用房等；地下 2 层主要用于停车、人防、文印、餐厅操作间、淋浴、设备用房等。结合庭院空间、中庭空间集中设置了办公场所、会议中心等功能。本项目采用水源热泵系统，利用可再生能源供冷供热。

上海新源广场

建设地点：上海市
建筑面积：109158 平方米
设计 / 竣工：2002 年 /2004 年

本项目位于上海市黄浦区，由 2 栋超高层办公楼、连廊、东西裙房及地下车库、地下自行车库组成，建筑高度 158.6 米。整个建筑于 2004 年投入使用。

邯郸科技中心

建设地点：河北省邯郸市

建筑面积：163 893 平方米

设计 / 竣工：2015 年 /2017 年

获奖情况：全国行业优秀勘察设计优秀奖、河北省优秀工程勘察设计奖一等奖

　　邯郸市科技中心是邯郸市东部新城重点工程"三大中心"之一。主要功能是为初创的科技企业提供理想的办公和交流场所，为科技产品成果展示提供空间。本工程地下 3 层，主楼地上 25 层，主体高度为 99.2 米；科技产业馆地上 4 层，主体高度 23.4 米。工程采用了地源热泵能源设备和绿色通风与空调技术，采取了节水措施和雨水收集回用系统，广泛运用设备节能节电措施。通过综合运用主动式与被动式绿色建筑技术，工程设计达到绿色建筑二星标准。

石家庄大剧院

建设地点：河北省石家庄市
建筑面积：52 740 平方米
设计／竣工：2012 年／2016 年
获奖情况：全国优秀工程勘察设计二等奖

石家庄市演艺有限公司霞光大剧院（演艺中心）位于石家庄市建华南大街以西、体育大街以东、塔南路以南。剧场多功能厅部分地上4层，办公、招待部分地上7层，地下1层，建筑总高度28.7米，建筑长度132米，建筑宽度91.6米。地上建筑面积39 920平方米，地下建筑面积12 820平方米。项目采用桥西中水源热泵系统进行供热。

石家庄裕华万达广场洲际酒店、5A 写字楼

建设地点：河北省石家庄市
建筑面积：7.2 万平方米
设计 / 竣工：2009 年 /2011 年
获奖情况：2016 年度河北省优秀工程勘察设
计行业奖一等奖

石家庄万达广场酒店、5A 写字楼工程位于石家庄市槐安路以北，建华大街以西，民心河以东，由一栋酒店和一栋写字楼组成，地下连为一体。酒店主楼部分地上为 20 层，主体高度为 88.89 米，裙房地上为 4 层，写字楼地上 26 层，主体高度 99.55 米。

本工程于 2010 年 7 月完成施工图设计并开工建设，现已竣工使用。

刘强

1987—1991 年在同济大学供热、通风及空调专业学习，毕业后分配到北方设计研究院从事暖通设计工作。从业三十多年来，完成设计项目 200 余项，现任公司建筑工程设计院副院长、公司暖通专业科技带头人、公司技术委员会暖通热能动力分会主任。获得注册咨询工程师（投资）、注册公用设备工程师（暖通空调）、注册一级建造师（机电安装）执业资格。

在进行工程项目设计的同时，不断总结经验，深入贯彻新发展理念，参编国家标准 2 项，河北省地方标准 20 余项，标准设计 10 项。其中《居住建筑节能设计标准（2021 年版）》（节能 75%）DB13(J)185—2020、《公共建筑节能设计标准》DB13(J)63—2016 均

为现行强制性标准，《12 系列建筑标准设计图集 供暖工程》12N1 为河北省、天津市、山东省、山西省、河南省、内蒙古自治区通用图集，在省内外产生了较大专业影响。

作为审查委员会成员参与审查了我国第一部被动式建筑设计标准《被动式低能耗居住建筑节能设计标准》DB13(J)/T177—2015 和河北省被动式超低能耗系列标准《被动式超低能耗居住建筑节能设计标准（2021 年版）》DB13(J)/T8359—2020、《被动式超低能耗公共建筑节能设计标准（2021 年版）》DB13(J)/T8360–2020 等系列标准，深度参与了河北省被动式超低能耗建筑标准体系建立和大部分被动式超低能耗项目的建设过程。

在工程实践过程中，不断学习，深入研发，取得专利 3 件，应用在超低能耗建筑的外墙内置保温体系，已经得到推广，取得了良好的经济和社会效益。

社会任职

中国勘察设计协会建筑环境与能源利用分会理事；河北省土木建筑学会第一届建筑节能与绿色建筑学术委员会副主任委员；河北省土木建筑学会第二届绿色建筑与超低能耗建筑学术委员会副主任委员；河北省土木建筑学会暖通空调学术委员会常务理事；河北省制冷学会空调热泵专业委员会常务理事；全国建筑环境与能源应用分会河北省委员会常务理事；河北省制冷学会常务理事；石家庄铁道大学专业学位企业指导教师；石家庄市第十五届人大常委会咨询委员会城建环资组委员；《粉煤灰综合利用》杂志(刊号 CN13–1187/TU)编委。

获得荣誉

参与的项目获得河北省优秀工程勘察设计奖一等奖 2 项、河南省工程勘察设计项目一等成果 1 项、河北省优秀工程勘察设计奖二等奖 1 项、河北省优秀工程勘察设计奖三等奖 2 项、河北省工程勘察设计项目优秀工程勘察设计标准奖 1 项、中国兵器工业建设协会颁发的部级优秀设计二等奖 1 项、河北省建设厅科技进步一等奖 1 项。

单位评价

刘强同志遵守职业道德，社会责任感强，注重技术素养的提升，在建筑节能、超低能耗建筑、可再生能源利用等方面取得了丰富成果，在设计领域内具有较高的权威性和知名度。

专注专业 成就卓越

1969 年，我在美丽的滨海城市天津出生，父亲是工程师，母亲是教师。1974 年我随父母来到石家庄市，在这里完成了从小学到高中的学习。我一直生活在单位大院中，周围长辈、邻居和同学们的父母大多是来自五湖四海的五六十年代的大学生，这让我身处良好的文化和学习氛围中。身受环境的影响，我学习成绩一直不错，1987 年我毕业于石家庄市第一中学，同年考入同济大学供热通风与空调专业。当年高考报志愿一般都是听从老师或父母的意愿，我学习这个专业是受到父亲的指点。他认为暖通专业学习的科目较多，发展前景广阔，学成后具备良好的综合能力，而且暖通专业在同济大学也是优势学科。我国高校在 1952 年开始创办暖通专业，当时的专业名称为供热、供煤气及通风，首批开办的学校有哈尔滨工业大学、清华大学、同济大学、东北工学院（该校本专业后调整至西安冶金建筑学院，即今西安建筑科技大学）。随后的几年又在天津大学、重庆建筑工程学院（现并入重庆大学）、太原工学院（今太原理工大学）、湖南大学成立了暖通专业，这四所学校与前四校一起，通常被称为暖通专业"老八校"。当时在校给我们上专业课的老师有陈沛霖、范存养、刘传聚、吴喜平、蔡龙俊、岳孝方等，他们都非常平易近人，和蔼可亲。他们在学习中处处指导我，在那个时期我熟练掌握了湿空气焓湿图、压焓图、逆卡诺循环。我的毕业设计是针对实际工程项目的，项目在当时的宝山县，通过多次现场调研收集资料，查阅规范和手册，辅导老师一丝不苟精心指导了从方案设计到绘制硫酸图纸的全过程，充分展现了同济大学严谨求实的学风，为我今后从事暖通专业的技术工作，奠定了坚实的基础。参加工作以后，随着对暖通行业及技术的逐步了解，我才知道当年那些老师不仅桃李满天下，更是在暖通行业的各个领域内都有很深的造诣和非常高的权威性，能够师从于他们我也倍感荣幸。

1991 年夏天，满怀着对未来的期待我来到了中国兵器工业第六设计研究院工作（又名北方设计研究院）。这是一个在石家庄市的中央直属单位，其前身为创建于 1952 年 9 月的二机部二局第一研究所，1958 年成立一机部第五设计院，1963 年为五机部第五设计院。从 1969 年 11 月至 1970 年 2 月，原五院分为三个设计大队及两个直属连队，分别搬迁至山西省太谷县、河南省南阳市、甘肃省兰州市、四川省成都市、湖南省长沙市。1971 年 7 月，五机部决定在石家庄新建一个设计院，1973—1974 年分布在各地的设计大队陆续搬迁集中于河北省石家庄市新的设计基地。1975 年五机部决定，将老五院一分为二，以火炸药等专业（包括设计规划）为主在北京组建新的第五设计院，以枪炮、弹、引信、光学、坦克车辆、发动机等专业为主，在石家庄组建第六设计院。1975 年 10 月 25 日，第六设计院以新的单位名称对外开展工作，分散在各地的相关专业设计人员搬回石家庄。我的童年时光和中学时代都是在六院家属院度过的，在同济大学学习四年后归来，在单位报到后，我感觉这里的环境既熟悉又陌生，心情十分激动。当时，同一年到院的大学生有 30 余人，大家报到后并没有马上被分配到设计科室工作，而是在人事处的组织下集中学习，进行了仿宋字书写的培训和院内规章制度的学习，并且在院各个部门轮岗，在档案库整理档案、在人事处抄录誊写信息、在计算站学习软件使用等。经过三个月的学习和培训，我的仿宋字水平得到很大的提升，书写速度也加快了，这个过程还进一步培养了我在今后设计工作中需要的一丝不苟的工作态度。入职培训合格后，我于 10 月到设计一所暖通室工作。暖通室有将近 20 人，以五六十年代的大学生为技术负责，八十年代的大学生为青年骨干，设计水平和设计能力非常高。我在前辈们的指导下完成了职业生涯中第一个项目——邢台钢铁厂办公楼。这个项目规模不大，但是完成的过程至今让我记忆犹新。首先是建筑识图，虽然学校里学习过房屋建筑制图，但是面对设计院建筑图，我还是有许多符号看不懂；其次是对结构的梁、柱、板等混凝土构件的位置和作用不清楚；最后就是对给排水和电气专业的管道和设备位置没有概念，造成了绘制的图纸反复修改。当时是手绘图纸，硫酸纸需要领取，因为浪费了很多硫酸纸，我觉得非常难堪，本来觉得自己能够完全适应工作，没有想到能力还差很多。同时，我也从只考虑到暖通专业系统合理，逐步意识到其实最终工程项目需要的是整体建筑的融洽。此后在工作中，我主动了解各个专业的要求，提前沟通技术方案，慢慢地养成了习惯，对项目的整体也有了全面的认知。

1992年，中国的改革开放进行到关键时刻，邓小平在南方巡视途中发表了一系列重要讲话，北方院响应讲话的精神在沿海和发达城市设立分院，我也正好赶上这一波建设的浪潮：1992—1993年在烟台分院，1994—1995年在深圳分院，1996年在北京分院，1997年到北方院的中外合资公司北方－汉莎杨工作。我在烟台完成了烟台经济开发区最大的别墅区设计、烟台开发区标准厂房设计；在深圳参与了深圳嘉宾广场、虎门太平广场等高层综合楼空调设计；在北京分院完成了西客站南广场六里桥危改片区设计；在北方－汉莎杨第一次与外籍设计师进行交流学习。在分院工作了五年的时间，虽然非常辛苦，但是收获满满，现在回首看去，这五年是我进步最快的时期，接触了不同类型的项目，掌握了不同地区的规定，与各地优秀的团队配合学习，完成了许多项目的定案工作。由于在分院空余时间较多，我始终专注于暖通先进技术的学习应用，全部的时间都投入工作与学习中，极大地拓展了自己视野，积累了丰富的设计经验，对自己的技术水平更加自信。我逐渐成长为专业负责人，得到了领导和同事的认可。

1997年，我从分院回到北方院工作，先后担任暖通设计室主任、设计所副所长、机电所所长和建筑院副院长。这期间我始终坚持理论学习，专注技术应用和技术发展，其中2004年4月取得注册咨询工程师（投资）执业资格、2005年10月取得注册公用设备工程师（暖通空调）执业资格、2006年1月取得注册一级建造师（机电安装）执业资格、2008年11月担任北方设计研究院暖通专业科技带头人、2015年7月任北方工程设计研究院有限公司科学技术委员会暖通及热能动力分会主任委员。在这一阶段，我完成的主要工程项目设计有如下。

①河北省科技馆科技会堂，项目由科技馆和科技会堂两部分组成，总建筑面积2.3万平方米，科技馆为球形，内设河北省第一个球幕影院，科技会堂为高大空间。暖通专业采用喷口送风全面解决了球幕影院空调气流组织，高大空间采用网架内风管侧吹，保证了室内高度。

②石家庄人民会堂，项目为大型多功能综合楼，总建筑面积3.8万平方米，是石家庄市重点项目。内设2 000座的会堂并兼具剧场、影院功能，暖通专业采用舞台、观众厅分区空调，舞台喷口对吹，观众厅上部电动喷口送风、座椅回风，设计解决了冬夏气流组织的难题，为河北同类项目首次采用。

③河北经贸大学图书馆，项目总建筑面积3.2万平方米，创新采用新风全部热回收技术，大大降低了图书馆运行能耗，这在2005年尚不多见，在现行《建筑节能与可再生能源利用通用规范》GB55015—2021中为强制性条文。

④河北大学新校区，项目总建筑面积26万平方米，除甲、乙教学楼外其余建筑均采用中央空调，为当时河北高校最高标准。暖通专业未按照设计标准采用总负荷配置制冷设备，经过调研和详细计算，最终确定学校能源站设备装机容量为项目总负荷的60%，配合各子项采用电动两通阀自动调节，学校投入使用后效果良好，为河北大学节省项目初投资1 000余万元。

⑤承德医学院新校区，项目总建筑面积16万平方米，为山地上建设并且冬季采暖热源不足。暖通专业在设计中采用了分区敷设供暖管网、分时段供热的方式，妥善地解决了校区冬季供暖问题。

⑥石家庄世贸广场酒店，项目1998年竣工，建筑面积4万平方米，为石家庄首批四星级酒店。暖通专业根据酒店功能，针对性地采用全空气系统和空气－水系统，保证了项目使用效果。目前该项目采用变频磁悬浮离心机组替代了原有的溴化锂冷水机组，运行效率大幅提升。

⑦民生财富广场办公部分，项目建筑面积6.84万平方米，为中国民生银行石家庄分行业务楼，内设金库、

数据中心、营业部及银行业务相关用房。暖通专业采用分区空调，分区计量技术方案，竣工后得到业主好评。

⑧江苏曙光光电有限责任公司(5308 厂)科技综合楼，项目总投资 1.1 亿元，设置各类研发实验室，室内温湿度及洁净度要求很高，包括千级洁净室、恒温恒湿室、光学实验室、计量实验室等，工艺设备复杂。暖通专业采取了分区设置、能耗模拟、气流组织分析等技术手段，满足了业主的使用要求。该项目获得中国兵器工业建设协会颁发的部级优秀设计二等奖。

⑨新合作大厦，项目总建筑面积 11.04 万平方米，总高度 166.8 米，主楼地上 39 层，建筑面积约 8 万平方米；地下 4 层，建筑面积约 3 万平方米，石家庄地标性建筑性质的 5E 级高品质商务中心。暖通专业采用了夏季蓄冰、冬季蓄热技术，经反复论证计算确定了双蓄设备装机容量，充分利用商业建筑峰谷电价差，最大限度降低运行费用。项目获得河北省工程勘察设计项目一等成果奖。

⑩河南师范大学实验实训组团，项目建筑面积 8.5 万平方米，为河南省新乡市标志性建筑，《中西部高等教育振兴计划（2012—2020 年）》资金支持项目。暖通专业采用了全部新风热回收技术、土壤源热泵技术，充分利用可再生能源，设置土壤源换热孔 1 500 个，冬季制热，夏季制冷，可再生能源利用率达到 80%。项目投入使用后运行效果良好。该项目获得 2022 年度河南省优秀勘察设计奖建筑项目一等奖，2022 年获得中国建设工程鲁班奖。

⑪石家庄动物园海洋馆，项目总投资 3.5 亿元，为河北省大型海洋馆。海洋馆内有热带海洋动物、极地海洋动物，馆内冷热负荷包括动物维生系统冷热负荷、空调冷热负荷等，其中维生冷热负荷为常年不间断冷热负荷，对能源站要求很高。暖通专业采用综合能源技术，运用直燃型溴化锂机组与土壤源热泵电制冷机组相耦合，四管制冷热水输送，使维生系统在电路故障、燃气故障下均能有效保证，充分利用可再生能源，减少天然气使用。项目运行后获得动物园方的好评。

⑫中冀建勘集团有限公司综合楼能源站，项目建筑面积 2.5 万平方米，暖通专业优化了项目能源站方案，将原有常规制冷方案提升为冰蓄冷方案，蓄冰量 3 000 冷吨，夜间蓄冰，白天融冰制冷，项目运行以来，夏季白天制冷机组基本无需启动，最大限度节省了运行费用。

在进行工程项目设计的同时，我不断总结经验，深入贯彻新发展理念，在工程勘察设计理论研究和技术创新方面获得一些成果。我参编国家标准 2 项，河北省地方标准 20 余项，标准设计 10 项。其中《居住建筑节能设计标准（2021 年版）》（节能 75%）DB13(J)185—2020、《公共建筑节能设计标准》DB13(J)63—2016 均为现行强制性标准，《供暖工程》（12N1）为河北省、天津市、山东省、山西省、河南省、内蒙古自治区通用图集，在省内外产生了较大影响。采暖工程（05N1）获河北省建设工程勘察设计一等奖；《百年住宅设计标准》获河北省工程勘察设计项目优秀工程勘察设计标准；《居住建筑节能设计标准》获河北省建设厅科技进步一等奖；《采暖工程》（98N1）获河北省建设工程勘察设计二等奖；《供暖工程》（12N1）获河北省建设工程勘察设计三等奖；《被动式超低能耗建筑节能构造（四）》《被动式超低能耗建筑节能构造（六）》《被动式超低能耗建筑节能构造（八）》的编制为河北省内置保温系统在被动式超低能耗建筑的应用开创了新的技术路径。

"执着专注、精益求精、一丝不苟、追求卓越"生动概括了工匠精神的深刻内涵。工匠精神同样适用于工程师。我从事暖通专业三十多年了，从最早的设计工作做到技术管理工作，随着时代的发展，暖通专业也从基础技术拓展到节能建筑、零碳建筑，专业前景一片光明。与其说是我选择了暖通专业，不如说是命运让我的人生和暖通专业连接在一起，我一直对暖通专业有着执着的热情，我还要全力以赴，秉承着工匠精神的指引，奔赴在追求卓越的路上。

河北省科技馆、科技会堂

建设地点：河北省石家庄市
建筑面积：23 000 平方米
竣工时间：2001 年

本项目位于石家庄市中山路与东大街交叉口，该项目由科技馆和科技会堂两部分组成。科技馆为球形，内设河北省第一个球幕影院，科技会堂为高大空间。暖通专业采用喷口送风全面解决了球幕影院空调气流组织，高大空间采用网架内风管侧吹，保证了室内高度。

石家庄人民会堂

建设地点：河北省石家庄市
建筑面积：38 000 平方米
竣工时间：2003 年

本工程位于石家庄市桥东区中山路以北，青园街以西，地下1层，地上4层，是一座集会堂、展览、球类馆、多功能厅为一体的综合性建筑物。地下1层为车库及设备机房，设置机械通风及防排烟系统，并根据需要战时转换为人防通风系统；地上1~4层为观众厅、舞台、综合球类馆、会议室、展览厅、多功能厅及办公室，设置中央空调及防排烟系统；各辅助房间及楼梯间、卫生间等部位，冬季设置热水采暖系统，地下室战时转换人防。

主要设计指标：采暖总热负荷861千瓦，空调总冷负荷5 200千瓦，空调总热负荷4 200千瓦，通风总热负荷200千瓦，夏季空调蒸汽耗量W=7 550千克/时，冬季通风、空调蒸汽耗量8 100千克/时，冬季采暖蒸汽耗量1 900千克/时，生活热水蒸汽耗量2 900千克/时。

暖通专业采用舞台、观众厅分区空调，舞台喷口对吹，观众厅上部电动喷口送风，座椅回风的方式，解决了冬夏气流组织的难题，为河北同类项目首次采用。

新合作大厦

建设地点：河北省石家庄市
建筑面积：110 400 平方米
竣工时间：2018 年
获奖情况：河北省工程勘察设计项目一等成果

　　本项目位于石家庄市建设大街，紧邻北国商城。建筑总高度 166.8 米，主楼地上 39 层，建筑面积约 8 万平方米；地下 4 层，建筑面积约 3 万平方米。该建筑为石家庄地标性建筑，5E 级高品质商务中心。暖通专业采用了夏季蓄冰冬季蓄热技术，经反复论证计算确定了双蓄设备装机容量，充分利用商业建筑峰谷电价差，最大限度降低运行费用。

河南师范大学实验实训组团

建设地点：河南省新乡市
建筑面积：85 000 平方米
竣工时间：2021 年
获奖情况：河南省优秀勘察设计奖建筑项目
一等奖、中国建筑工程鲁班奖

本项目地上 19 层，是目前河南省高等院校单体体量最大的建筑，也是河南省新乡市标志性建筑，获《中西部高等教育振兴计划（2012—2020 年）》资金支持项目。

暖通专业采用了全部新风热回收技术和土壤源热泵技术，充分利用可再生能源，设置土壤源换热孔 1 500 个，冬季制热，夏季制冷，可再生能源利用率达到 80%，投入使用后运行效果良好。

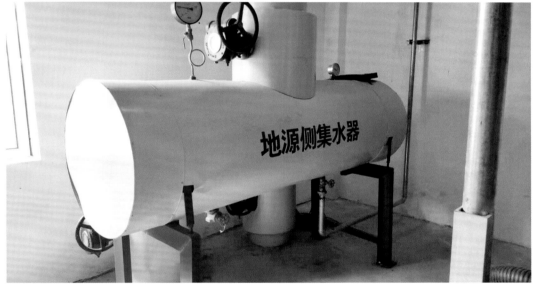

石家庄动物园海洋馆能源站

建设地点：河北省石家庄市
竣工时间：2022 年

石家庄动物园海洋馆总投资 3.5 亿元，位于石家庄市鹿泉区，为河北省大型海洋馆。海洋馆内有热带海洋动物、极地海洋动物，馆内冷热负荷包括动物维生系统冷热负荷、空调冷热负荷等，其中维生冷热负荷为常年不间断冷热负荷，对能源站要求很高。暖通专业采用综合能源技术，运用直燃型溴化锂机组与土壤源热泵电制冷机组相耦合，四管制冷热水输送，在电路故障、燃气故障下维生系统均能得到可靠保证，充分利用可再生能源，减少天然气使用，运行后获得动物园方的好评。

参编国家标准、主编地方标准

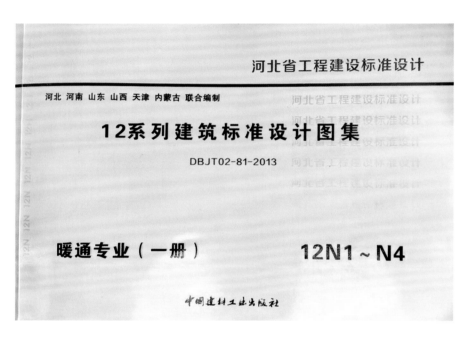

王玉龙

1975年1月出生，中共党员。1999年毕业于华北理工大学（原河北理工学院）给水排水工程专业，现任中土大地国际建筑设计有限公司市政工程设计一院院长。国家注册公用设备工程师（给水排水）、正高级工程师、高级装配式建筑工程师、高级BIM项目总监。先后荣获河北省工程勘察设计行业领军人才、河北省新长征突击手、河北省国防科技工业系统优秀共产党员等荣誉称号。

社会任职

河北省工程勘察设计咨询协会市政工程设计工作委员会副秘书长、雄安新区勘察设计协会市政基础设施分会委员、河北省消防标准化技术工作委员会常务委员、河北省土木建筑学会绿色建筑与超低能耗建筑学术委员会委员、河北省建筑信息模型学会理事；河北省工程勘察设计行业专家、河北省建筑业专家、河北省建设工程行业专家、河北省绿色建筑标识评审专家、河北省科技厅评审专家、河北省工程勘察设计咨询协会评奖专家、河北省房屋建筑和市政基础设施工程质量专家、河北雄安评标专家库资深专家；燕山大学建筑与土木工程专业研究生校外导师。

主持工程情况及荣誉

主持、研究完成各类国家、省、市大型重点工业、民用、市政、环保、援外等工程项目几百项。其中包括沧州市港城开发区污水处理厂升级改造工程EPC总承包项目、保定市阜平县东城区一二期路网建设工程等，先后荣获省（部）级优秀工程勘察设计奖13项。

学术成果

主持、研究"新型强化脱氮除磷生物处理工艺在污水厂提标中的应用""医院建筑给水排水设计技术措施"等科研与业务建设课题9项，其中荣获河北省建设科技进步奖3项、部属成员单位级科技进步奖6项；主编或参编《城市雨水调蓄工程技术标准》《地下管网球墨铸铁排水管道设计标准》等工程技术规范和标准14项；发表《电镀综合废水处理的设计与探讨》《重力流污水管道入廊的技术探讨》等专业学术论文23篇，其中多篇获全国给水排水技术情报网、华北地区给水排水技术情报网优秀论文奖；以主要编写人合作出版著作1部。

单位评价

王玉龙同志自参加工作，一直从事建筑、市政、环保工程的给水排水专业技术工作。始终怀着对专业的无限热爱、对工作的高度负责，坚持理论联系实际，潜心钻研、攻坚克难、精益求精、不断突破，取得了丰硕的业绩和成果，积累了丰富的经验。他思维敏捷、作风严谨，技术功底深厚扎实、技术水平高超精湛，具有很强的解决实际难题与创新研究能力，走在了行业技术领域的前沿，引领技术水平不断提升与进步。他出色的工作与表现，在行业内树立了良好的形象、得到了高度的认同，为行业专业的发展做出了贡献。

求真耕耘逐梦探索 缘于水

如果说人生是一次不断选择的旅程，那么选择就是一次又一次塑造自我的过程，让我们不断成长，也让我们成就了一片属于自己的天地。而我便是在懵懂的年代、懵懂的年龄，做出了一个虽懵懂却是我一生最重要的选择，那就是选择了我一生的挚爱——给水排水工程专业。大学四年的系统学习与训练，让我对给水排水工程从一无所知，到领悟、熟悉、专注，一步步地深入再深入，直至深深地热爱这个专业。我享受研究和创作的过程，享受挑战和攻坚的快乐。

结缘于水对于我来说是一种幸运，因为在这个专业中，我找到了自己的梦想。在我看来，给水排水工程专业是需要深耕细耘的，是需要求真求准的。不断探索，不断地实现自我价值，则是我一直以来的追求。我在筑梦前行中，做好一个敬重专业、敬畏专业的人，在这个充满竞争、不断发展变化的社会中活成一个有价值的人！

一、吹响号角，踏上征程

我大学毕业后走上工作岗位，踏上了事业的征程。入职培训的那段时光，单位展览室一个个精品工程的沙盘、模型和奖杯、证书，一位位老前辈讲述的事迹、经历，都让我感到震撼和受到鼓舞，也让我使命感爆棚；就在那时我便暗暗下定决心做有担当、有作为的设计师和前辈的接班人。

薪火相传的精神，是设计院的光荣传统与重要法宝。真心感谢张玉荣、刘世民、屈卫泉、郭延勇、杨志平这些前辈们给予我的各种传授与帮助，是他们让我明白作为一名设计师养成职业素养是多么重要；也是他们指导、帮助我养成了一名设计师该有的职业素养——持续学习、反复实践，积累总结、逻辑思维，不断突破、迭代提升！

"千淘万漉虽辛苦，吹尽狂沙始到金。"我始终坚持这个信念，在学习的路上永远保持一颗好奇心，充满激情。在日复一日不断持续的自主学习中，我积累和丰富了各种专业知识和实践经验。从理论到实践的过程中我始终保持着快速的脚步，坚强而有力，在主动思维的学习中实现蝶变。这个状态我多年来一直保持、从未改变。

"器欲尽其能必先得其法。"在工作上更是需要找到好的方法，养成好的习惯。多年来，我一直坚持做好详尽的工作记录、做好清晰的文件分类与管理、做好设计体系和资料库的储备与完善、记录总结每个项目的经验和教训，最后形成了一整套属于自己的工作流程、方法和习惯，这些让我受益良多、事半功倍。

不得不承认，设计的灵感有时也是会休眠的，我也曾有过"瓶颈"时期。在这时候，我便多走多看、勤学勤问、开阔眼界、提升审美、开发思维、洞悉认知，用持续的沉淀和历练，作为"突破"的有力支撑，让自己成为一个富有生命力的设计师，也让自己一直处于不断自我突破、迭代成长的过程之中。

"生在红旗下，永远跟党走。"思想觉悟与政治认识的不断提高，更是必不可少的成长，我认为这也是职业素养的一方面。经过不懈的努力、奋斗和追求，我于2001年光荣地加入了中国共产党。为党的使命而奋斗、为国家的建设做贡献，一直是激发我倾力工作、不断前行的精神支柱！从2005年开始我还承担了我院一所党支部书记的工作。

二、厚积薄发，赋能前行

"为学之实，固在践履。"良好的职业素养，是以坚定的投入履职工作为目标的。

工业是国民经济的命脉与主体，国家工业工程建设项目是工程建设的重中之重。承担工业工程建设项目设计是一名设计师的重要任务，保障完成工业建设项目，是我们的光荣使命。我的设计人生也是从工业项目开始的，每一个项目于我而言，都是一次令人振奋的挑战与超越的契机。

2004年，我接到了建设工业集团重庆建设机械厂（整体迁建）项目任务，这是国家重点建设项目。该项目既有民品摩托车生产线、又有军品机加、装配、热处理、表面处理、铸造、实验、靶道等，可谓包含了几乎全部的兵器工业机械制造厂的建设内容。就给排水专业来讲，这个工程项目的规模之大、涉及子项之多、内容之广，也是我院前所未见的。从单体工程设计到室外综合管网设计，从给、排水工程到消防工程，从雨污水工程到中水回用工程，从市政直供水系统到二次加压供水系统再到循环水系统、高纯水系统，从大型连跨厂房到办公楼再到高层科研建筑，可以说是包罗万象，这就要求给排水专业内容在项目中必须全方位的应用和展示。

我作为项目的专业负责人，面对这些严峻挑战，一边开拓思路，一边广泛查阅相关规范、技术标准和各种资料；认真编写专业设计统一技术措施、技术要求、统一说明；同时对于甲方的要求，在设计中给予最及时、认真、合理的分析和解决；建立了一套完善的便于实施、安全可靠、节水节能的设计思路和方案；同时在设计中深入贯彻国家节能减排、低碳环保、节水增效的相关政策方针，和工厂及当地规划、环保、市政、消防部门进行充分的沟通和协商，以保证设计方案符合当地相关要求。

第一，在给水设计中采用低层建筑由市政直接供水、高层建筑单独加压变频分区供给的供水方案，这样即充分利用了市政供水水压，又满足了厂区不同的用水水压要求，有效避免了二次供水污染现象的出现，同时采用了变频节能技术。第二，在给水系统的选择上优先选择循环供水、重复供水、中水回用方式。设计中将摩托车生产线产生的生产废水进行深度处理，使其达到生产线的用水标准，再回用于生产线，打造用水大循环系统，从而大量的节约了用水。第三，对厂区军品区产生的电镀、喷漆、酸碱、机加等各类生产废水分类分质处理，使其满足国家和重庆市的排放要求，同时采用雨、污、废分流排水体制，最大限度地减少其对生态、环境的影响。第四，从管材、阀门等器材的选择上，选择先进的塑钢、陶瓷、低噪声、低阻力等节能节水型产品。第五、充分选用国家推荐的新技术，解决新问题。这都为项目优质优量的完成提供了有效的保障，对其他项目起到了示范作用。

2006年，我有幸承担西北机电工程研究所35工程建设技术改造项目，这是一个国家重点重大技术改造建设项目。该项目的难点在于既有新建建筑、生产线，又有改造利用建筑、生产线。针对这一特点，我把工作的第一重点放在现场踏勘调研上，做到详细准确地掌握所区的全面现有状况。由于老所区一些现有给排水管线布置不合理及场地呈多级台地状，给室外管线工程设计带来了很多的不便。我经过与所里技术人员及我院总图设计人员的多次探讨、分析，终于做出了令所领导满意的改造方案。其中新建科研综合楼为一类高层建筑，同时也是所里最看重的工程建设部分。为了做出安全经济合理的给水排水及消防设计方案，我细致查阅了各种国内、外资料和技术手册，并通过多方案的技术、经济比较，最终做出了各方满意的设计方案。

在经历了一系列工业项目的设计磨炼后，我一边深刻总结经验、一边大胆开拓创新，使自己在工业工程项目的组织和设计上有了长足的进步，从而使之后迎来的重庆江陵厂、3302厂、湖北江山重工厂、内蒙古机械制造厂、陕西华润化工公司、昆明光电子产业基地建设项目、成都东骏激光生产基地等厂所的迁建项目、技术改造项目、条件保障项目、35工程项目、平台系统建设项目等得以高质量地、顺利地进行和完成。我也快速地成长为工业项目当之无愧的核心技术骨干人才。

2003年我院承接了石家庄市非典医院的设计工作。当时的形势紧急、任务艰巨，要求48小时完成设计。我作为给排水专业负责人和一名共产党员，要充分发挥模范带头作用，在这48小时内几乎没有合眼，顶住了压力、展现了实力，圆满完成了任务，得到了市领导的表扬，为抗击非典疫情做出了贡献。

2005年，我作为给排水专业负责人承担了石家庄市第三医院门诊综合楼项目，这是河北省重点工程项目。其项目属一类高层医院建筑，门诊科目齐全、手术室布置复杂、病房楼标准高、专业性强，是当时我院承担的功能复杂、规模最大的医院建设项目。保证顺利圆满地完成这一项目，对我院进一步巩固医院行业设计市场具有重要的意义。通过到已有成功先进经验的医院做深入调研，到图书馆、网站查阅各种资料和反复的研究，设计方案成功解决了医院手术室特殊的洁净技术难题；从管材设备选型、排水系统通气、水系消毒等方面，有效防范了医院建筑水体的交叉感染问题；分区分质供水与手术室双水源不间断供水的问题。同时，设计克服了医院分期建设带来的麻烦与相关问题，医院污废水处理采用了先进可靠的新工艺。项目设计保质保量的圆满完成，取得了良好的社会声誉，特别是在河北省卫生行业系统产生了示范性的效果，为日后医院类项目设计的开展做了深入的准备和积累。

在经历了石家庄市第三医院项目后，我又先后承担了石家庄经济学院华信学院、曹妃甸口岸业务综合楼群、石家庄市第五医院、鹿泉区客运站、石家庄市新华区税务局、中储广场等一批优质的民用工程项目。此时的我在这些民用工程项目的方案制定和工程设计中已经如鱼得水、游刃有余，也如愿以偿地为城市建设贡献了自己的力量。

缅甸某工厂项目是近年来我院承担的规模最大的国家重点援外工程项目。2008 年 5 月，作为这一项目的给排水专业负责人，我充分研究缅甸当地专业技术要求和美标设计体系，查阅援外、外贸项目特点，密切联系项目总师、响应缅方提出的各项要求，编写专业现场考察、调研纲要和设计构想；并赴缅甸工程现场开展实地选址、踏勘、调研，调查确定水源、排水出路、分质供水水质、气象地质、环保标准、生活习惯及要求等各项工程输入条件和现场情况与特点，现场认真制定初步方案，与缅方代表充分深入沟通、探讨。这一项目由机加区和火工区、库区组成，单体建筑共有 30 多个，涉及给排水专业的生活供水、生产供水、生产循环供水、锅炉软化水供水、生活排水、生产排水、生产废水处理（3 座废水处理站）、消火栓给水、自动喷淋雨淋给水、局部气体灭火、灭火器配置等多方面的内容。在这一项目中，我一方面编写了严谨科学完备详细的专业设计统一技术措施、技术要求，确立多方案比较的思路，带领组织设计人员协同作战、确定最优方案；另一方面担任多个复杂单体建筑的具体设计工作，实现了按计划高质量完成设计工作的目标。设计采用了同类工程的先进工艺、技术，特别是在实验站设计中，结合实验站洁净的属性和特点要求，确立了给水采用循环连续供水方式与局部直流定期供水方式相结合的给水方案，管道采用不锈钢管与涂塑钢管相结合的方式，有效解决了洁净厂房管道架空、埋地组合敷设的技术要求。同年应兵器工业总公司的要求，到重庆为缅方技术人员代表开展水处理技术专题培训，指导、讲解水处理方面的理论基础知识、技术难题、操作运行事项。在培训中，我本着耐心、深入、全面、精细的原则，对讲义内容认真细致讲解、对他们提出的问题认真严谨解答，顺利完成了培训任务。这一项目的圆满完成，为国家赢得了荣誉，为增进中缅友谊做出了贡献。

在这些年里，我先后承担并完成的援外工程项目涉及巴基斯坦、埃塞俄比亚、阿尔及利亚、苏丹、沙特等诸多国家。伴随着这些援外工程项目的完成，我独立完成援外工程项目的能力达到了新的高度，也积累了丰富的实战经验，形成了更完善的理论体系，为今后进一步迎接新的挑战打下了坚实的基础。

2002 年，在重庆宗申摩托车项目总承包工作中，我成功地独立完成了施工图现场设计，并和项目经理一起筹划、组建工程总承包项目组。我担任项目总承包工程设计代表，负责给排水专业管理组织及工地技术指导等全面工作，连续常驻项目组工地 9 个月。在工地上，我严格管理施工程序和施工质量，决不放过任何一个细节。在施工过程中，我一方面贯彻实现本项目设计理念，一方面为保证施工质量不断出谋划策；同时，根据现场实际情况，对设计做合理有效的调整，以使工程更趋完善，力求精益求精。在新工艺、新材料的使用上，我总是要经过多方考察、综合比较后，再选定最优产品。工地现场工作条件差，重庆气候炎热，但这些都阻挡不了我的工作热情。在遇到问题时，我会同施工单位和监理单位，共同依据实际情况、查阅资料、改进施工方法、解决专业难题，保证施工进度和施工质量。记得由于厂房面积大，柱距大，中间天沟雨水斗汇水面积很大，再加上轻钢结构设计重现期也大，计算出雨水斗需用 De200mm 规格，而在当时重庆建材市场上却没有此规格的雨水斗。在工期要求紧的情况下，我便提出现场加工制作的施工方案，并及时绘制了一张雨水斗加工配件图。经过多次试制，我终于同施工人员在现场加工制作出了符合要求的雨水斗。这不仅保证了施工进度，还节约了投资，得到了用户的高度评价，并增进了项目各方彼此的信任。

此后，我在重庆青山厂、内蒙古金属材料研究所烟台分所、北京华北光学仪器有限公司、二〇八所等项目总承包、项目管理中，都发挥了重要的作用，先后成功解决了很多总包现场的问题。比如遇到排水落差超大（达16米）而无法用常规方法排水的技术难题，我在现场经过严谨精细的计算，大胆提出管道迂回布置的方式，把排水大落差产生的巨大势能瞬时冲击转化为迂回沿程不断小量累积释放，从而有效解决了大冲力可能对排水设施造成的破坏问题。

随着这些总包项目工地管理组织与服务工作的圆满完成，我累计在各项目组常驻现场达26个月，这让我树立了设计质量和用户服务第一的工作指导思想，并实现了理论及设计思想与施工工程实际情况的有效结合，使我分析、解决专业施工实际问题的能力得到了明显的提高，具备了实现设计完美性与施工合理性相融合的能力。

从2016年初，我的工作重心转向了市政工程项目。市政工程项目属于国家基础设施建设项目，是保障城市运行、发展的基础，它与民生息息相关，是城市的血脉。面对压力和责任，我下定决心要做好市政工程项目设计工作。

2016年，作为项目负责人，我主持保定市阜平县东城区一二期路网（含综合管廊）建设项目，这是河北省重点民生工程项目。项目包括恒山东路、阜东大街、西庄街等十条道路的道路工程（包括城市主干路、次干路）、交通工程、雨污排水工程、给水工程、再生水工程、热力工程、燃气工程、电力管道预理工程、通信管道预理工程、综合管廊工程、照明工程、绿化工程等。其中给排水专业所面临的最具挑战性的内容就是综合管廊工程。在综合管廊工程中给排水专业既是管道专业又是工艺专业，设计的核心、设计的优劣完全取决于给排水专业。

工艺布置及断面的确定，既要符合规划要求，又要符合建设部、建设厅的相关文件、政策要求，还要符合相关规范规程的规定。入廊管线的分析、各舱组合方式的研究比较、各舱尺寸、覆土厚度的分析计算确定、抗浮措施、基坑支护措施、防水措施的提出比选、消防设计方案的比较确定、管道在舱内的布置、管道支吊架支墩的比选确定、附属设施设置位置、数量的分析确定、廊内排水设施设置方案的分析比较等都是要考虑的主要要素。经过严谨细致的研究分析、比选，最终本项目采用干支综合型四舱综合管廊，即污水舱、燃气舱、电力舱和热力舱，污水舱中有DN1200污水管道，燃气舱内有De250燃气管道，电力舱中有10千伏电力电缆及通信电缆、再生水管道和给水管道，热力舱中有热力管道和给水管道；管廊内设置超细干粉自动灭火系统和火灾自动报警系统，设有投料口、人员逃生口、通风系统、配电系统、照明系统、监控与报警系统、排水系统、标识系统等。同时作为项目负责人，我全面主持项目设计的实施和重大技术方案的制定，解决了山区城市道路及地下管道、管廊建设的技术难题，特别是山区管廊建设当时在河北省尚属首例。项目建成后，成为阜平城区的重要交通枢纽，发挥着重要的城市基础设施保障作用。

2017年，我院承担了邢台市广宗县日处理3万吨工业污水处理厂及配套污废水管网工程项目，这是河北省的重点民生环保工程项目。该项目可以明显改善广宗县的生态环境，消除和减少污水对水环境的污染，并极大促进污水治理力度。同时，项目将积极发展污废水深度处理，处理后的出水作为再生水，回用于电厂、景观用水等，在一定程度上缓解了水资源供应紧张的局面，减少新鲜水资源的消耗，成为促进水资源循环利用、实现经济可持续发展的有效措施。本项目核心内容包括广宗县工业聚集区污水处理系统工程（即污水处理厂）、污废水处理中产生的污泥的处理和处置。经过充分的技术经济比较，处理工艺方案确定采用：预处理+A/A/O＋BAF+臭氧强氧化＋过滤＋消毒处理工艺，出水标准为《城镇污水处理厂污染排放标准》中规定的出水一级A排放标准。

之后，我先后主持完成的市政工程项目有：曹妃甸城区雨\污水分流改造、石家庄市汇明路道路（道路、地下雨水管道）、廊坊市保障性住房配套市政供水管网改造、兴隆县美丽乡村精品重点村生活污水处理、承德市小滦河综合治理等工程。

这些年，作为公司的给排水专业领军人，我注重科研课题及专项专业技术、新技术、新工艺、新材料的研究、积累和应用，并提炼、升华为多项特长特色技术，成为了一个个核心拳头技术，不断取得良好的效应。

根据专业发展方向和公司业务需要的实际情况，我先后承担完成了多项科研和业务建设课题，包括医院建筑给水排水设计技术措施、起爆药工业废水处理研究、新型强化脱氮除磷生物处理工艺在污水厂提标中的应用等。这些课题的完成，为给排水专业工程师在进行相关工程设计时，提供了最充分、最深入、最全面的资料和技术指导，为其完成相关设计缩减了成倍的工作量，缩短了成倍的工作时间，提高了成倍的效率。这就使我们在同类工程的设计竞争中占据了技术的优势地位。

我坚持深入研究、应用工业废水处理工程项目专项技术。在内蒙古机械厂、石家庄市第五医院、张家口华威化工厂、成都华川长菱电器厂等项目的工业废水处理站工程设计中，我分别采用了铁屑内电解处理加混凝沉淀处理电镀废水、水解反应和接触氧化加沉淀消毒处理医疗污水、蒸发焚烧加好氧生物氧化处理化工废水的专项工艺技术，并通过了当地环保部门的验收。同时我还采用了蒸发焚烧器、立式氧化槽、PH 监控仪和 ORP 自动监控器等先进的污水处理设备、设施。

对于医疗卫生类工程项目专项技术，我也不断地进行研究和积累，先后完成了石家庄市第三医院、石家庄市第五医院、石家庄市急救中心、邯郸市第一医院、沙特私人医院等医疗卫生类工程项目。在设计实践中我一方面不断学习相关规范、标准，不断借鉴专业研究院的相关经验和技术，另一方面还不断注重新技术的探索研究学习。设计中针对卫生洁净、防交叉感染等特点，我采用了非手动开关、塑料管材、污水系统前后两次消毒等有效措施，形成了一套完整独到的医疗卫生领域的设计理念、思路和技术。

近年来我还在坚持和发扬"传、帮、带"精神，做好人才培养和技术传承工作：让设计人员得到全面指导和培训，快速成长；让技术水平得到提升和进步，不断突破。

三、笃行不息，踔厉奋进

时光悠悠，转眼间已经 23 年过去，我也从刚出校门的青葱小伙成长为公司的中流砥柱。从业至今我不断提高自身专业理论知识水平，广泛参与各种学术技术论坛，与同行前辈探讨交流，向国内权威专家学习；今后我会继续在给排水专业技术工作的前沿奋战，不断在主持项目、设计审查、学术研究中实践和锻炼，实现专业知识更加扎实系统、技术水平和业务能力与时俱进更加精湛、工作经验不断积累日益深厚。我也将继续发扬迎难而上、精益求精、勇于担当的设计师精神。

"勤、思、恒、谦、博、爱、拓、进"这八字是我的人生座右铭，也是我的工作里程写照，就如同我的明灯和伙伴，将指引、陪伴我不断向前进！

建设工业集团重庆建设机械厂工程

建设地点：重庆市

建筑面积：224 000 平方米

设计 / 竣工时间：2004 年 /2007 年

本项目包括军民品产品研发、实验、试制、生产、装配、试车、仓储等建设内容，为国际先进技术水平机械产业园，是国家重点大型工程计划项目。

项目建设以"适用、经济、安全、卫生、低碳、环保、生态"为设计宗旨，结合当地的人文自然条件及场地的自然环境，根据各建筑单体的使用要求和空间特点，合理确定建筑的结构形式及使用材料，满足消防安全及生产安全的各种不同要求，强化建筑空间的自然通风、自然采光等节能措施，追求自然视觉效果，构建舒适的建筑内部与外部环境，创造出与自然环境相协调的，有现代感、空间感，有丰富文化内涵的建筑单体及建筑群体，使其成为地标性建筑，形成此地域的视觉中心。

中储城市广场

建设地点：河北省石家庄市
建筑面积：328 423 平方米
设计 / 竣工时间：2014 年 /2017 年
获奖情况：2018 年河北省优秀工程勘察设计
奖二等奖

　　本项目是当地政府着力打造的"五大商业片区"之一，6 座塔楼和裙房形成一类高层建筑群，实现商业、酒店、餐饮、娱乐、办公、会议等综合业态功能。项目在平衡规划条件的同时，融合现代人的生活方式、习惯、理念，创造充满活力的商业综合活动中心，极大地丰富了石家庄西北地块的城市功能，提升了景观空间和沿街形象。

　　建筑裙房外立面采用红星美凯龙全国标准第 7 代家居 Mall 模式，主楼采用月季（石家庄市花）花瓣形玻璃幕，整体形式新颖、造型独特。6 座主楼交错布置，主楼与裙楼通过形体和功能有机融合，让建筑与城市产生互动，带给城市灵活通透的上层空间感受。

沧州市港城开发区污水处理厂升级改造工程 EPC 总承包

建设地点：河北省沧州市
建设规模：日处理水量 10 万立方米
设计 / 竣工时间：2017 年 /2018 年
获奖情况：2019 年河北省优秀工程勘察设计奖一等奖

港城开发区污水处理厂升级改造工程中各构筑物的布置紧凑，设计充分利用地下空间，尽量少占用远期预留用地，保证与原有构筑物衔接合理，新建建筑物的风格与原有建筑物及城市规划保持协调统一，充分体现节能、低碳、环保的设计理念，打造园林式污水处理厂。

污水处理厂改造、扩建后厂区占地总面积 156.53 亩，形成 4 条并行布置的 2.5 万立方米 / 天的污水处理线，整体处理能力达 10 万立方米 / 天。此次改造工程新增集水池、气浮池、臭氧催化氧化池、反冲洗泵房及风机房、鼓风机房等。改造后的工艺流程为：原水→粗格栅→细格栅及沉砂池→集水池（新建）→气浮池（新建）→水解池（改造）→氧化沟（改造）→二沉池→混凝沉淀池→滤池→中间提升泵站（新建）→臭氧催化氧化池（新建）→巴氏计量渠→出水，出水执行一级 A 排放标准。项目的建成有效改善提升了周边生态环境。

保定市阜平县阜东城区一二期路网建设工程

建设地点：河北省保定市
设计 / 竣工时间：2016 年 /2019 年
获奖情况：2021 年河北省优秀工程勘察设计
奖一等奖

　　本项目为阜平县东城区配套市政基础设施建设项目，对于东城区城市运转和发展具有至关重要的保障作用，设计充分体现低碳、生态、智慧的理念，融入低影响开发技术（LID）设计理念，践行海绵城市建设，将项目打造成为独具太行山区特色的山水城市。

　　项目建成三横八纵的路网架构；各类地下市政管线除雨水管道外全部布置安装在四舱型综合管廊内，有效地释放了地表空间的土地资源，提高了土地利用率，节约了资源，对地下管道的运行状态实施监控、管理，提升了维护、维修的及时性和便捷性；地上路面结构、景观工程充分采用透水性材料、植草沟、下沉绿地等"渗、滞、蓄"雨水调节措施；设计布置中水回用管道，向电厂输送中水。

勘察篇

王海周

1966 年 11 月生，河北省景县人，1983 年 9 月—1990 年 3 月就读于同济大学地下建筑与工程系，获工学硕士学位；1990 年 3 月入职河北建筑设计研究院有限责任公司至今。1998 年获评高级工程师，2003 年晋升为正高级工程师；历任岩土工程所副所长、所长、岩土工程公司经理、岩土工程专业副总工程师、总工程师，2013 年 3 月任公司监事至今。2022 年被评为河北省工程勘察设计行业领军人才。

社会任职

河北省土木建筑学会工程勘察学术委员会委员；河北省土木建筑学会地基基础学术委员会副主任委员；河北省工程勘察设计

专家委员会专家库专家；河北省危险性较大的分部分项工程专项施工方案论证专家；河北省结构优秀工程评审专家；河北省建设工程 安全生产资深专家；河北省工程建设标准审查委员会专家；河北、浙江、湖北、四川、青海、广西、重庆市科技厅网上科技课题评审专家。

主持岩土工程勘察设计、标准编制情况及荣誉

石家庄中冶城市商业广场 C 区商业办公 3# 楼荣获 2020—2021 年度国家优质工程；河北省送变电工程公司高层住宅楼荣获 1999 年度省级一等奖；河北建筑设计研究院办公楼改建工程荣获 2015 年度河北省优秀工程勘察设计奖一等奖；河北医科大学图书实验综合楼被认定为 2019 年河北省工程勘察设计项目一等成果；霞光大剧院（演艺中心）被认定为 2019 年河北省工程勘察设计项目一等成果；石家庄市第一医院（原新建赵卜口院区项目）工程勘察被认定为 2022 年河北省工程勘察设计项目一等成果。

学术科研成果

参加发明的专利、编制的地方标准有：
《锚杆机用除尘机构》（专利号：ZL 202023032264.5）；《锚杆机用位置可调式锚杆定位机构》（专利号：ZL 202023027900.5）；《河北省建筑地基承载力技术规程》DB13(J)/T48—2005；《长螺旋钻孔泵压混凝土桩复合地基技术规程》DB13(J)/T123—2011；《预应力混凝土管桩复合地基技术标准》DB13(J)/T105—2021；《长螺旋钻孔泵压混凝土桩复合地基技术标准》DB13(J)/T123–2022；《污染场地岩土工程勘察技术标准》DB13(J)/T 。

单位评价

王海周同志 1990 年硕士研究生毕业分配至我院从事岩土工程工作。该同志遵纪守法、爱岗敬业，具有优良的职业操守、扎实的专业知识、精湛的技术水平和很强的社会责任感。工作以来，王海周同志一直从事岩土工程技术和管理工作，始终坚守在岩土工程工作一线，积累了丰富的工程经验，具备解决复杂、关键技术问题的水平和能力，主持和指导了几百余项大型工程的岩土工程勘察、设计、施工、检测和检测工作，为我省岩土工程领域的发展做出了积极贡献。

以平实之心，走好岩土之路

一、追梦时代，结缘岩土

1966 年 11 月，我出生在河北省景县孙镇乡南小庄的一个农民家庭。父亲中专学历，母亲是一个传统的农村妇女，读过两年"高小"。我家兄弟姐妹六人，没有劳力，仅靠父亲每月 39 元的工资供养着这个八口人的大家庭，生活的窘迫可想而知。母亲善良、坚韧、执着的性格和吃苦耐劳、勤俭持家的品行一直在潜移默化地浸润着我们的心灵。"谁言寸草心，报得三春晖。"她对我们读书上大学的殷切厚望一直鞭策着我们。

1981 年进入景县中学读高中之前，我没走出过生我养我的家乡，没见过汽车、火车。高中的两年，住的是透过后窗户上的洞能直接看到景州塔底座、冬天门前院落可当成滑冰场、20 多人大通铺的宿舍。每天早餐和晚餐喝稀稀的玉米粥、吃辣气面窝头和咸菜，午餐吃的是上面飘着蜜虫或肉虫的菠菜、茄子或白菜汤和馒头皮上能清晰可见肉虫的黑黏面馒头。艰苦的生活和学习环境并没有压垮我，反而更加坚定了我奋斗拼搏的斗志。

1983 年高考完毕、估分结束后，我感觉圆梦的时候很快就会到来，但在填报志愿时，填报哪个学校、什么专业，我却一头雾水。报考同济大学只缘班主任所带的上一届的师兄就读了这所学校，在填报高考志愿表里"是否服从调配"处打了"√"那一刻起，就决定了自己一生与"岩土"结缘。直到大学快毕业时我才知道，我们 8337 班 47 名同学，只有 2 名同学填报了这个专业，其他 45 名同学都是被"调配"进当年的水文地质与工程地质专业的。

幸运的是，我们入学之时，恰逢同济大学成为全国岩土工程试点高校之一，学校在课程设置、试验、实习等各个环节上都做了科学合理的安排，由原来较单一的地质专业进行了大幅的拓展和延伸，增设了弹性力学、塑性力学、结构力学、流体力学等众多的力学课程。四年的大学生活，丰富、顺利且充实，除基础课、专业课学习外，我恶补了自己的短板，用大把的时间拓展知识面，学习了法律、文学和经济，并充分体验了三大球、两小球、游泳、滑冰等体育项目。因成绩优秀，我成为全班唯一被推免攻读硕士研究生的毕业生。七年的专业知识学习，尽管也进行了多次试验和实习，但是我对岩土的理解仍停留在理论和抽象概念的层面上，没有感性的认知。至于毕业后去什么单位，具体从事什么工作，我更是懵懵懂懂。研究生毕业的时候，我婉言谢绝了众多单位的邀约，最终选择了河北省建筑设计研究院。自进院工作的那天起，我就成为一个岩土人，一直行走在"岩土"路上，与岩土结下了"不解之缘"，无论是脚步还是思维，一刻也没有停息过。也正因为当初的结缘和几十年如一日的坚守，我才有了今天的一点成绩。

二、初涉岩土，实操工程（1990—1993 年）

1990 年 3 月，我进入河北省建筑设计研究院的岩土工程所（内部称勘测队）工作。"理想太丰富，现实很残酷。"进入工作场所的那一刻，我大失所望，几近崩溃，实际的工作场所与想象中的大相径庭。当时的岩土工程所共有职工二十五六人，下设外业队、内业、实验室和测量队，每年完成勘察、测量、地基处理 25 项左右，产值、收费 30 万元左右。我被安排在内业，算上总工、主任工程师共七八人。当时内业的主要任务是负责勘察和地基处理工作，社会上习惯称这个专业是"打眼儿的"。上班的第三天，我就被安排去一个勘察项目工地熟悉工作，然而到工地后被分配的工作内容却让我心灰意冷，我的角色不是技术人员，而是一名工人——负责铲土、取土或司钻。工地的艰苦和现实环境让我大失所望，对自己的未来产生怀疑，甚至产生了另谋职业的想法……

入职一个月后，单位给我安排了第一个独立完成的项目——石家庄第四航空学校教学楼勘察。我接到任务后一脸茫然，感到学无所用，无所适从，只能硬着头皮往上冲。一切从零开始，我虚心向前辈学习。从勘察纲要编制、勘察工作前的准备、现场记录、实验室核对土层定名、地基土分层，到最终提交勘察成果资料，我用心去做每一个环节。别人用一个小时完成的工作，我用两个小时甚至更长的时间去完成。当时我是单身，宿舍离单位很近，除了睡觉之外，我基本上天天泡在办公室，学规范、翻阅已做过项目的勘测资料、核对土样……目的是杜绝错漏。在前辈的指导和自己的努力下，我终于按质保量地完成了第一项任务。之后又独立或合作完成了河北省电视中心、河北会堂、河北医科大学第二医院病房楼、中国人民解放军第 3514 工厂新厂区等十几个勘察项目。

中国人民解放军第 3514 工厂新厂区项目、河北会堂项目分别进行了现场浅层平板和深层平板载荷试验。当时用土锚做反力、人工加荷、人工读数，需要不间断地补荷，24 小时轮流值班，一日两班。3514 工厂新厂区位于鹿泉区上庄镇，距离单位和宿舍路途远且交通不便，只能骑自行车往返奔波，不仅吃住在现场，还要克服冬日的寒冷和夏日的炎热及蚊蝇的骚扰。两个载荷试验的亲力亲为，使我对载荷试验、土的固结有了较深的认知。

之后的三年时间里，我一直在工人和技术人员的角色中来回切换。无论勘察、工程测量，还是地基处理项目，只要有时间，我便自告奋勇参与，不挑工种和内容。我每年至少有半数以上的时间在工地或往返工地的路上。随着时间的推移，我慢慢地对土产生了兴趣，对"岩土"也有了深层次的认识，对专业也逐渐地由衷喜欢起来。

除勘察项目外，我还参与和主持完成了石家庄第四航空学校教学楼湿陷性黄土地基、藁城碳化硅厂松砂地基、井陉县太行山针织厂松散不均匀地基的强夯处理任务和碎石挤密桩处理中国人民解放军第 3514 工厂新厂区地基等任务，对强夯法、挤密碎石桩法的施工工艺流程、施工要点、安全防控、处理机理有了初步的认识和理解。我参加了用于强夯处理地基的"自动脱钩装置"和用于挤密碎石桩的"多瓣变径扩孔器"的研发工作。1992 年作为负责人之一，我参加了历时六个月的车载静力触探的组装调试工作。

1993 年 5 月，我院在广西北海市成立分院。岩土工程所也不甘落后，6 月底由王国斌副所长带领一干人开上钻机、拉上土工试验仪器设备等奔赴广西北海市。到达北海一周后，王国斌副所长意外身故。我被随即任命全权负责北海的具体工作，承担的第一个项目是北海市火车站勘察。项目地上 13 层，地下 1 层，框架结构，筏板基础，总建筑面积 30 000 多平方米，是广西地方铁路唯一的二等级客货运站。人生地不熟、气候恶劣、对当地地质条件浑然不知等各种不利因素交织在一起，加上领导意外身故带来的精神打击，全队人员士气低迷，萎靡不振。而我还没有管理经验，压力很大。虽然困难重重，但也正是锻炼自己的机会。"坚决不能退却"，这是我脑海里浮现的第一个念头。经过深入的思考，我逐渐厘清了思路并行动起来。首先我通过各种关系与当地的勘察单位取得联系，了解当地的地层分布情况、物理力学特征和地基基础习惯做法，有针对性地进行勘察工作。我始终坚守在工地一线，技术工作的各个环节亲力亲为，统筹安排，克服了种种困难，最终顺利完成了勘察任务，勘察成果满足设计要求，得到了建设、设计等单位的一致好评。而我也得到了全面的锻炼，增长了见识，拓宽了视野。北海市火车站建成后，雄健多姿，规模宏大，在当时的北海市可谓独树一帜。

在做好工程项目的同时，我又从实际工程的角度查找硕士研究生课题中的不足之处，进行修改、补充和完善，将大学期间曾经学过的理论知识与实际工程真正结合起来，同时不断学习、深入研究现行规范标准，及时发现问题，对已经做过的工程项目进行归纳总结。我独立或合作撰写了《对 Casagrande 法的改进》《对"土工试验方法标准"12.0.10 条的探讨》《三维流响应函数的基本理论和计算方法》《建筑物基础形式和地基处理方案 的探讨》《三维流响应函数的基本理论及其在多目标水资源管理中的应用》《石家庄地区新近堆积黄土的工程性质探讨》六篇学术论文，分别登载在《河北勘察》《水文地质工程地质》《军工勘察》《地基处理与桩基础学术会议论文集》《城市建设与发展研究论文集》《中国工程勘察》等学术刊物和论文集中。

1992 年我主动请缨参加院里的全面质量管理活动，组织成立"改进的 Casagrande 法"QC 小组，活动成果荣获 1992 年度河北省优秀 QC 小组活动成果二等奖、建设部优秀 QC 小组活动成果表扬奖。

我参加的井陉县太行山针织厂强夯处理、河北会堂项目荣获 1991 年河北省优秀工程勘察三等奖。

三、厚积薄发，逐步提升（1994—2003 年）

从业三年的工作经历和 1993 年北海的管理经验，使我无论在专业技术上还是团队管理上都树立了信心，坚定了自己继续在岩土路上走下去的信念。1998 年 2 月我被任命为岩土工程所副所长、岩土工程专业技术负责人，主抓岩土工程所全面工作；2000 年被任命为岩土工程所所长、岩土工程专业总工程师。

1994 年，作为项目技术负责人，我完成了铁十七局三处整体搬迁项目的岩土工程勘察任务。项目包括 10 栋地上 6 层的砖混结构住宅楼和一栋地上 7 层的框架结构办公楼。场地上部为厚 3.5~7.0 米的饱和黏性土，下伏承载力较高的碎石土，地下水位埋深 −2.5 米，地基不均匀，主要受力层承载力低，不满足设计要求。鉴于场地周围空旷，满足强夯施工要求，经与甲方商定，我们决定采用强夯法进行处理。对于饱和软黏性土地基的强夯处理，当时河北省乃至全国都没有可以借鉴的经验，我们只能靠自己摸索和试夯。我选取 3# 住宅楼作为试夯场地，对处理范围、超挖厚度、建筑垃圾回填厚度、点夯点的布置形式、点夯点间距、点夯遍数、两遍点夯之间的间隔时间、各遍点夯的点夯点布置、点夯夯击能、满夯与点夯之间的间隔时间、满夯点的布置形式、满夯遍数、满夯夯击能等参数经过 8 次试夯后才确定，最后采用建筑垃圾楔填强夯法完成了整个搬迁项目的地基处理工作，经验收检测合格。项目 1996 年竣工并投入使用，至今使用良好。项目成功实施，节约了大量资金，大大缩短了工期，创新了强夯处理饱和软黏性土地基的工法。

1997 年底，河北大地岩土工程有限公司挂牌成立仪式在我院大门口举行，班底人马是当时我所人员。2001 年，双方签订合作协议，成立河北大地土木工程有限公司岩土分公司。

2001 年，以河北省建筑设计研究院与河北大地土木工程有限公司合作为契机，我充分利用公司资质全、资质高的优势，对岩土工程所进行了资源整合，调整人员结构，走"技术管理型"道路，拓展业务范围，加大技术创新、人才引进、人才培训力度。岩土工程所由单一的勘测开始向岩土工程设计、施工、检测、监测拓展。到 2003 年底，基本完成了既定的目标。仅 2000 年、2001 年就分别完成工程项目 75 项、123 项，其中深基坑支护设计和施工、夯实水泥土桩、深层搅拌桩、素混凝土桩、挤密桩复合地基设计和施工、强夯处理设计和施工、复合地基检测、建筑物沉降观测项目占 70% 以上。

2000 年底，河北省开展施工图审查工作，我顺利通过了河北省建设厅组织的施工图审查资格考试，成为河北省第一批施工图审查岩土工程专业审查人员，负责河北玉民工程设计咨询事务所有限公司勘察专业的施工图审查工作。到 2013 年底，我利用业余及节假日时间共审查工程项目 6 556 项。13 年的施工图审查工作给我提供了很多与同行交流学习的机会，也进一步加深了我对规范标准尤其是对强制性条文和安全隐患的理解。

我撰写了《建筑垃圾楔填强夯法处理某厂住宅区饱和黏性土地基》《多层建筑沉降缝对倾碰顶及纠偏实例》两篇学术论文，登载在学术刊物《中国勘察与岩土工程》上；2001 年参编了地方标准《河北省建筑地基承载力技术规程》DB13(J)/T48—2005。

我主持或参加的河北医科大学高层住宅楼、中化河北进出口公司高层住宅楼分别荣获 2002、2003 年度河北省优秀勘察二等奖；石家庄金鹏大厦、河北省送变电工程公司 II 号高层住宅楼分别荣获 2001、2002 年度河北省优秀勘察三等奖。

四、积累经验，再上层楼（2004 年至今）

作为部门一把手和专业技术负责人，我一手抓生产经营和内部管理，一手抓质量安全和技术创新；引进、培养复合型人才，做好人才梯队建设，继续加大技术创新、项目创优的力度，积极参加各种学术活动，向更难、更大、更复杂的工程挑战。对重大工程和复杂工程，我会亲力亲为，把好安全和质量关。

近年我先后完成了石家庄中冶城市商业广场、张家口怀来万悦广场、邯郸城发金融大厦、首都医科大学宣武医院河北省区域神经医疗中心、三亚市东岸村城中村改造项目等一大批特大、重大和复杂项目的岩土工程勘察、岩土工程设计、岩土工程施工、检测和监测任务。项目覆盖了河北省各地市及北京、天津、河南、山东、山西、内蒙古及海南等地。我主持或参加的河北医科大学教学楼、河北东信大江山房地产开发有限公司中华商务广场、金世界二期工程 6#、7# 楼等八项工程荣获河北省优秀工程勘察设计二等奖；联邦东方明珠、石家庄新源国际财富中心、河北医科大学第二医院心脑血管综合楼等五项工程被认定为河北省工程勘察设计项目三等成果。

2008 年石家庄联邦伟业房地产开发有限公司拟在其已建成投入使用的联邦名都 A 座、B 座住宅楼旁新建 C 座住宅楼。A 座、B 座住宅楼均地上 28 层，地下 2 层，剪力墙结构，筏板基础，采用桩径 400 毫米、桩长 18.5 米的素混凝土桩复合地基，基础最终沉降量 23.4 毫米。拟建 C 座住宅楼地上 32 层，地下 2 层，剪力墙结构，筏板基础，基础持力层为厚 3.0~3.5 米的中砂，下伏 4.0~6.5 米厚的粉质黏土下卧层，按照以往类似工程的经验和临近 A 座、B 座的地基基础形式，需采用素混凝土桩复合地基，以解决下卧层地基承载力不足的问题，基于"变形控制"原则，我向建设单位大胆建议采用天然地基。在勘察工作方面，有针对性地对持力层和下卧层采用多种勘察手段进行补充勘察，充分挖掘地基潜力，同时与设计单位、施工图审查单位充分沟通协调，在计算变形(沉降、整体倾斜)满足规范要求的情况下，最终采用了天然地基。经沉降观测，建筑物最终最大沉降量 58.0 毫米，最小沉降量 42.0 毫米，至今使用良好。祥云国际·吃遍中国、河北医科大学高层住宅楼、联邦东方明珠等项目的地层分布情况与该项目类似，均同样采用了天然地基，既缩短了工期，又节约了大量资金。

2009 年，按住房和城乡建设部的要求，河北省开始对危险性较大的分部分项工程专项施工方案进行专家论证。作为首批深基坑和暗挖工程的安全论证专家，14 年来我共参加了建筑、市政、道路交通、城市轨道交通、高铁、电力、燃气、水利等行业危大工程论证几千余项，工程覆盖了河北省各地市 (含雄安新区) 及山东、山西、河南、北京等省市。我参加了河北省某医院配套工程深基坑坍塌重大安全事故、石家庄市某住宅小区深基坑坍塌事故、任丘市某基坑开挖降水引起周边建筑物开裂事故、石家庄地铁一号线某标段深基坑坍塌事故等 20 多起基坑安全事故的处理工作。

2004 年以来，我参加了五部地方标准的编制工作，撰写了《ATM 法在工程隧道勘测施工中的应用》《湖南通平高速某边坡双排微型桩加固方法探讨》《新旧建筑贴建侧限问题的基坑支护设计》三篇学术论文，登载在学术刊物《中国勘察设计》《勘察科学技术》上。2005 年以来，我参加了 4 次全国注册岩土工程师考试阅卷工作，网上评审科研课题 600 余项。另外，我还参加了《预应力混凝土管桩基础技术规程》《建筑基坑工程技术规程》《静载试验组合拉锚内支撑技术规程》等 90 多部地方、团体标准的立项和审查工作。

除做好本职工作外，我时刻不忘自己肩负的社会责任。多年来，我参加涉及地基基础、不良地质条件、不良地质作用等疑难问题和事故处理的技术咨询和评审、论证项目几千余项，充分发挥技术优势，解决了技术难题，妥善处理了事故，为社会贡献了自己的力量。

风雨多经志弥坚，关山初度路犹长。30 多年的岩土路，让我深谙"岩土工程师是在回答上帝提出的问题"的真正含义。我也会像"半无限空间弹性体"假设一样，只有起点，没有终点，不忘初心，创新驱动，继续沿着岩土之路，一如既往，砥砺前行。

石家庄中冶城市商业广场 C 区商业办公 3# 楼

建设地点：河北省石家庄市
建筑面积：291 200 平方米
勘察 / 竣工：2016 年 /2019 年
获奖情况：2020—2021 年度国家优质工程奖

该项目为大型商业综合体，是石家庄市重点商业建设项目。项目包括 C、D、E 三个区，集商业、办公、餐饮、院线、超市、特色商业步行街、地下车库、非机动车库等功能于一体，各区之间的 2 层和 3 层由商业连桥相连；地上 25~29 层，地下 3 层，建筑总高度 100 米，属一类高层建筑。建筑采用框剪—剪力墙结构，筏板基础，素混凝土桩复合地基。

河北省建筑设计研究院办公楼改建工程

建设地点：河北省石家庄市
勘察 / 竣工：1996 年 /2004 年
获奖情况：2000 年度建设部部级城乡建设优秀勘察设计三等奖、2005 年度河北省优秀工程勘察设计奖一等奖

本项目始建于 20 世纪 70 年代，为 4 层砖混结构，刚性基础，基础埋深 –1.5 米。20 世纪 90 年代，急需扩大生产规模，但是鉴于院内空间、生产等要求，不允许拆除旧楼重建，于是采用了套建加层法——在 4 层砖混结构外套建高层框架—剪力墙，套建加 6 层，采用人工挖孔扩底桩基础，将办公楼由 4 层扩建为 10 层，这是改建过程的一阶段工程。2013 年开始进行二阶段工程：将原 4 层砖混拆除，改建为 4 层的钢筋混凝土框架，并与一阶段外套高层框架—剪力墙结构连为一个整体，消除了一阶段工程外套结构的"高腿柱"。

石家庄市第一医院（原新建赵卜口院区项目）

建设地点：河北省石家庄市
建筑面积：216 320 平方米
勘察 / 竣工：2013 年 /2017 年
获奖情况：2022 年河北省工程勘察设计项目
一等成果

本项目包括门急诊医技楼、病房楼、科研教学及综合服务楼、地下车库及公用工程等。其中门急诊医技楼地上 5 层、地下 2 层，总高度 23.25 米，框架结构，筏板基础，基础埋深 –10.0 米；病房楼地上 22 层，地下 2 层，总高度 94.05 米，剪力墙结构，筏板基础，基础埋深 –10.0 米；科研教学及综合服务楼地上 5 层，无地下室，总高度 22.35 米，框架结构，独立基础，基础埋深 –2.0 米。项目总投资 9.8 亿元，其中地上建筑面积 153 596 平方米，地下建筑面积 62 724 平方米，设计床位 1 691 张，日门诊接诊 4 500 人次，配套停车位 1 000 个。项目分别采用了天然地基、换填地基、夯实水泥土桩复合地基、素混凝土桩复合地基等多种地基形式。

河北医科大学图书试验综合楼

建设地点：河北省石家庄市
建筑面积：67 781.36 平方米
勘察 / 竣工：2014 年 /2017 年
获奖情况：2019 年河北省工程勘察设计项目
壹等成果

　　本项目为一大型公共建筑，主楼地上 18 层，地下 2 层，框剪结构，拟采用桩筏基础；裙房地上 4 层、地下 2 层，框架结构，拟采用桩基础；地下车库 2 层，独立基础，拟采用天然地基；基础埋深均为 −10.0 米。经精心勘察，建议主楼和裙房采用不同桩长的素混凝土桩复合地基，该建议被建设和设计单位采纳。

王立华

汉族，1976 年 11 月出生，河北衡水故城县人，中国九三学社社员，1999 年毕业于河北工业大学建筑工程系，正高级工程师，国家注册岩土工程师，国家一级注册建造师（建筑工程），现就职于中土大地国际建筑设计有限公司，任中土国际科技集团副总经理、中土大地国际建筑设计有限公司常务副总经理。

社会任职

现任河北省建筑业协会岩土力学与工程分会副会长、河北省工程建设信息智能化协会副会长、河北省危险性较大的分部分项工程专项施工方案论证专家；担任中国施工企业管理协会岩土工程专业委员会专家、河北省土木建筑学会地基基础学术委员会委员、河北省土木建筑学会工程勘察学术委员会常委、河北省评标专家、石家庄市建设科技专家库专家、石家庄铁道大学硕士研究生校外指导教师、华北理工大学建筑与土木工程领域工程硕士专业学位研究生校外实践指导教师、河北工业大学土木与交通学院建筑与土木工程领域硕士专业学位校外指导导师等。

个人荣誉与学术成果

2014 年被评为河北省优秀青年设计师、石家庄市工程勘察设计咨询业协会会员、先进个人。先后主持或参与的科研课题获科技进步奖的有：

①夯实水泥土桩复合地基的试验研究及其数值模拟项目，获得 2006 年河北省建设厅科技进步一等奖、河北省人民政府科学技术奖三等奖；

②夯实水泥粉煤灰土桩复合地基应用试验研究，获得 2017 年河北省建设行业科技进步奖一等奖；

③膨胀土地区基坑支护设计理论与应用研究，获得 2020 年河北省建设行业科学技术进步奖二等奖。

主持的项目荣获国家级优秀工程勘察设计二等奖 1 项，获得河北省优秀工程勘察设计奖 21 项（其中一等奖 7 项），河北省科技进步奖 3 项，主持完成科研课题 15 项，参编河北省地方标准 9 本，其中《长螺旋钻孔泵压混凝土桩复合地基技术规程》历经 2 次修订，已被广泛应用于我省的各个行业的工程建设当中，目前仍为我省地基处理最常用的标准。

单位评价

王立华同志自 1999 年 7 月毕业以来，一直从事岩土工程工作。他爱岗敬业、恪尽职守、专业技能业务水平优秀；工作中有独立思考的精神以及不断创新的能力，对企业的良性发展产生了积极影响。

其从业 24 年来累计完成工程项目 200 余项，在房屋建筑、工矿企业厂房、市政基础设施建设、公路桥梁建设、水利建设、冶金行业等领域积累了丰富的岩土工程经验。

在中土大地国际建筑设计有限公司任职期间，该同志不断在技术上创新，对待工作认真负责，身为我司专业技术领头人不断在实践中探索，数十年如一日兢兢业业为建设行业的蓬勃发展做出贡献。

漫道真如铁，迈步从头越

大运河自北京始，浩浩荡荡，奔流南去。其在我的家乡——故城，穿城而过。小时候望着这条河不觉得有什么，至今倒是会时时想起它来，仿佛不止河底的流沙，河面的商旅，更把整座城市的变革，以及我个人的命运，一一裹挟着，向前，向前，一直向前。

大运河这条北接京畿、南通苏杭的文明之河，在故城大地上蜿蜒了 75 公里，一千多年的波光水影见证和记载了过往的繁华兴盛。运河边，人多，船多，桥更多。我感谢这些桥，深爱这些桥，一颗名为"建筑"的种子深埋在我的童年里，不止不休地滋养我的事业到今天。我至今都是个在桥上行走的人，桥头是个小朋友，桥尾是个建筑人；桥头是兴趣的萌芽，桥尾是事业的奋发；桥头是热爱，桥尾是理想。

1995 年高考结束后，我填报的志愿是河北工业大学建筑工程专业，从此与建筑结下了不解之缘。大学四年老师的教导使我对所学专业产生了极大的热情，也对我今后要走的路产生了深远的影响。

大学短短四年的时间一晃而过，都没来得及回忆就已成过眼烟云。大学时，我积极提升自己，无论是思想上，还是能力上，我都稳扎稳打、不落窠臼，期待自己成为新时代的有为青年。我经常告诫自己，人生时刻都存在竞争，我们要做好的就是提升自己。生活中，压力无处不在。在学校没有感受到压力，那是父母和恩师为我们抗住了沉重如山的压力，但毕业后我们就要独自面对困难和压力了。在同学眼中，我比较沉默，大多时候都是在研究着图纸，让人感觉有些难以相处；在老师眼中，或许我不是最优秀的学生，但足够努力。不管如何我一直都保持着本心，做自己的事情。所谓不滞于物，不殆于心，思而罔顾，行而桀黠。我学习的是建筑工程专业，毕业后想要成为一名建筑工程师，我自知成为一名合格的工程师需要更多努力和胆魄。大学期间，我也到一些工地中兼职，体会工作的辛苦，为自己找方向。虽然工地工作很累，但是可以提升自己，能收获更多的实践经验，与在课本学到的知识融合、贯通。

大学是我梦想的起点，毕业即意味着与它告别，独自前行。每每温故知新之时，我总感觉时间太短，没有掌握真正的能力，还需要在工作岗位上不断地提升锻炼，不断地加强和磨砺。大学生活是我最充实的时光。直至此时，我才明白所谓"吾尝终日而思矣，不如须臾之所学也"的滋味。

四年的大学生活也是我人生的一个转折点，学到的建筑理论知识让我拥有了在今后工作中不懈地去提高自我的资本。我掌握的专业基础知识使我在建筑行业中很快得到发展。课余时间，我不断地了解和接触建筑专业知识，使其很快与社会实践结合起来。

我的生活准则是：认认真真做人，踏踏实实工作。我的最大特点是：勇于拼搏，吃苦耐劳，不怕困难。在实际工作中，我树立了强烈的事业心、高度的责任感和团队精神。朝夕耕耘图春华秋实，十年寒窗求学有所用。

俗话说，兴趣是最好的老师。我通过研究各种建筑工程，不断思索，逐渐萌生了对岩土工程的兴趣，从而全心投入岩土工程相关的学习和实践中。通过多年来脚踏实地的工作实践，我熟悉并掌握了技术要领，逐步适应了工作需求。

1999 年我于河北工业大学建筑工程专业毕业，就职于河北大地土木工程有限公司（2018 年更名为中土大地国际建筑设计有限公司），2006 年至 2015 年担任岩土部门经理，2015 年 4 月任公司副总经理，同时继续兼任岩土部门经理；2015 年 12 月获得建筑工程专业正高级工程师技术资格；2018 年 11 月至今，任中土大地国际建筑设计有限公司常务副总经理，中土国际科技集团副总经理。参加工作以来，我始终坚持理论与实践相结合，积极、主动地深入工程施工第一线，坚持谦虚、踏实、勤奋的工作准则，积累了较丰富的实践经验，取得了一定的工作成绩，得到了广大职工、单位领导及建设单位的认可。

在思想上，我坚持人生的路一定要脚踏实地一步一步地走，时刻做好自己的思想工作，从心底萌发对岩土工程工作的热爱。不管在公司的哪个岗位都能调整自己的心态，良好的心态决定一切。

在学习上，我时常保持学习的态度，只要有学习的机会，我都会努力抓住。除了参加公司组织的学习外，业余时间，我还通过各种渠道自学岩土相关方面的知识。只有武装好自己的头脑，将来在工作中处理问题时才可以游刃有余。我通过努力学习，先后通过了国家注册岩土工程师，国家一级注册建造师（建筑工程）考试。

在工作上，我一直坚持脚踏实地做事。大学毕业后我进入河北大地土木工程有限公司工作。我抱着敢为人先的态度，扎根一线工程项目部十余年，在基层这块"大海绵"上，积极地汲取着所有能使我成长的养分。工作总是在忙忙碌碌中度过，闲暇之余，我看到一栋栋建筑物在自己勘察、设计或施工的地基上拔地而起，心中十分自豪。

作为公司的常务副总兼安全总监，我要保证整个公司的安全运营，确保万无一失，面对突发事件时必须要有良好的心理素质，才能正常地发挥技术水平，避免安全事故的发生，保证公司及项目的正常运行。

自毕业以来，我参加、负责和独立完成的工程项目多达200余项，这些项目涉及的行业有普通住宅小区、超高层建筑、电力、通信、污水处理、工业厂房、铁路、公路等项目的勘察设计、基坑支护、基坑监测、地基处理和基桩施工、基桩检测等。通过大量的工程实践，我积累了较为丰富的勘察设计、岩土施工、基桩检测等专业的经验，可以承担各种行业及复杂地质条件下的岩土工程技术服务。我逐渐从了解、认知，到熟悉、掌握岩土工程技术和安全管理工作，并能轻松应对岩土工程中的复杂情况。

时光飞逝，从业24年来，身为一名岩土工程师，我仍保持着对这份事业的热爱，不忘初心，并深信我会做得更好。

人生行走至此，堪堪半途，一如毛主席所言："到中流击水，浪遏飞舟。"对我来说，此水谓何？是家乡故土，是同学少年，抑或是不停地载着我，永远向前的

岩土工程。此水谓何，我也是断然离不开它了，也许要等到我这片飞舟靠岸的那一天，我能坦然地喊出："逝者如斯夫！"就没有任何遗憾了。

附：主要业绩

参加工作以来，我一直从事岩土工程工作，同时对房屋建筑、工矿企业厂房、市政基础设施建设、公路桥梁建设、水利建设、冶金等行业的专业知识及现场运转积累了丰富的经验。工作期间，作为岩土专业负责人，我所负责的项目中有多项获得河北省优秀勘察设计奖一、二、三等奖。代表作品有中银广场、河北省人民医院心脑血管病房综合楼基坑支护设计、廊坊市人民医院新建病房楼、假日丽城A区、河钢产业升级及宣钢产能转移项目桩基工程、石家庄市轨道交通安全质量状态评估项目等。

主持的项目荣获国家级优秀工程勘察设计二等奖1项，获得河北省优秀工程勘察设计奖21项（其中一等奖7项），河北省科技进步奖3项，主持完成科研课题15项，参编河北省地方标准9本，其中《长螺旋钻孔泵压混凝土桩复合地基技术规程》历经2次修订，已被广泛应用于我省的各个行业的工程建设当中，目前仍为我省地基处理最常用的标准。

1. 科技成果业绩

①夯实水泥土桩复合地基的试验研究及其数值模拟

我对河北省常用的夯实水泥土桩地基处理方法进行了深入研究，分析了不同配合比情况下水泥土体强度的变化趋势，提出了水泥土拌合料的最优配合比。通过数值模拟，研究了夯实水泥土桩加固土体的机理，鉴于其经济性及适用性，建议对该地基处理方法大力推广，促进了该方法的广泛使用，为后期夯实水泥土桩相关标准的修订提供了有力证据。

该课题获得2006年河北省建设厅科技进步一等奖、河北省人民政府科技进步三等奖。

②夯实水泥粉煤灰土桩复合地基应用试验研究

该研究通过室内试验及微观结构分析，确定了夯实水泥粉煤灰土桩拌合的最优配合比；通过现场载荷试验，

确定了夯实水泥粉煤灰土桩桩身强度施工影响系数。研究结果认为，在夯实水泥土中掺入粉煤灰后，不仅夯实水泥土桩桩身材料强度有所提高，使其可利用的处理范围有所扩大，同时由于粉煤灰为电厂生产后的废弃物，价格便宜，还可达到经济环保的目的，我国北方适合此类方法进行地基处理的区域较大，应用前景广阔，具有重大的社会效益和环境效益。

该课题研究成果显著，技术创新程度高，对进一步推广夯实水泥粉煤灰土桩复合地基具有积极作用。该研究成果填补了国内水泥粉煤灰土桩复合地基应用研究的空白，达到国内领先水平。

该课题获得 2017 年河北省住房和城乡建设厅科技进步一等奖、2021 年首届河北省建筑业"燕赵（新点）杯"微创新技术大赛二等奖。

③膨胀土地区基坑支护设计理论与应用研究

针对膨胀土的特性，在基坑支护工程设计方面进行了深入研究，通过对膨胀性的影响分析，得出膨胀性主要由矿物成分决定，同时含水率、孔隙比等对膨胀性有一定的影响。对支护结构的影响性进行分析可知，膨胀力越大，对应锚杆的内力越大；距离桩顶越近，则锚索内力也越大；干密度对锚索内力的影响可能存在某个临界值，或者存在更重要的其他影响因素；而抗剪强度指标与锚索内力值呈负相关；时间对桩顶位移的影响不明显。

这一研究成果为解决膨胀土对工程建设的危害这一难题指明了方向。该课题结合实际工程，研究了影响膨胀土膨胀力的因素，得出了矿物成分、微观结构、含水率、孔隙比等因素与膨胀力之间的关系；研究了膨胀土膨胀力对锚杆内力的影响，得出了膨胀力与锚杆内力的相互关系，为膨胀土地区的基坑支护设计提供了理论依据，对保障膨胀土地区基础设施建设的安全运行，降低工程投资都具有重要意义。

该课题获得 2020 年河北省住房和城乡建设厅建设行业科技进步二等奖。

2. 地方标准的编制

（1）已完成并正式发布施行的地方标准

《长螺旋钻孔泵压混凝土桩复合地基技术规程》（DB13(J)31—2001），已施行 10 年；

《预应力混凝土管桩基础技术规程》（DB13(J)/T105—2010），已施行 12 年；

《长螺旋钻孔泵压混凝土桩复合地基技术规程》（DB13(J)T123—2011），已施行 11 年；

《基桩自平衡静载试验法检测技术规程》（DB13(J)T136—2012），已施行 10 年；

《长螺旋钻孔泵压混凝土桩复合地基技术标准》（DB13(J)T8514—2023），2023 年 5 月 1 日实施；

《预应力混凝土管桩复合地基技术标准》（DB13(J)T8515—2023），2023 年 5 月 1 日实施。

以上规程、标准为行业的发展起到了很大的促进作用。

（2）目前在编标准

目前参与在编的河北省地方标准有 3 项，详单如下：

《河北省地下工程冻结法支护技术规程》；

《膨胀土地区基坑支护技术标准》；

《河北省建筑与市政地基承载力技术标准》。

中银广场

建设地点：河北石家庄
主体高度：130米、97米
设计/竣工：2009年/2012年
获奖情况：中国工程勘察行业优秀勘察设计二
等奖、河北省优秀工程勘察设计奖一等奖

本项目主要包括A座、B座两栋高层写字楼。A座为地上31层，地下3层，主体结构高约130米，采用钢筋混凝土框架核心筒体系，基地压力标准值约670千帕；B座地上26层，地下3层，主体结构高约97米，采用钢筋混凝土框架剪力墙结构，基地压力标准值约560千帕；地下车库3层，基础埋深约16米。

河北省人民医院心脑血管病房综合楼

建设地点：河北省石家庄市

基坑深度：26.7 ～ 28.9 米

设计 / 竣工：2017 年 /2019 年

获奖情况：河北省优秀工程勘察设计奖一等奖

本项目建设场地南北长约 33 米，东西宽约 87 米，南临医技病房、东临门诊楼、北临 2 号病房楼、西侧为空地。建设用地呈平坦矩形。

基坑周长 234.6 米，总面积约 2830 平方米，开挖深度为 26.7~28.9 米，周边环境复杂。基坑设计安全等级为一级，重要性系数为 1.10，基坑使用期限 24 个月。整体采用排桩 + 内支撑 + 锚索联合支护，局部采用排桩拉锚支护，坡道部位分别采用排桩拉锚支护、悬臂排桩支护、土钉墙支护等十种支护设计形式。

假日丽城 A 区

建设地点：河北省保定市
建筑面积：275 438.88 平方米
设计/竣工：2016 年/2020 年
获奖情况：河北省工程勘察设计项目一等成果

假日丽城 A 区项目位于保定市乐凯北大街与沈庄路交口西南角，项目共由 9 栋高层住宅楼、1 栋幼儿园、沿街商业及地下车库等建筑组成。住宅楼为地上 32~33 层，地下 2 层，框架剪力墙结构，筏板基础；幼儿园为地上 2 层，地下 1 层，框架结构，独立基础；沿街商业为地上 1~2 层，地下 1 层，框架结构，独立基础；地下车库为 1 层，框架结构，独立基础。建筑基础埋深均为 6.00 米。

本工程重要性等级为一级，场地复杂程度等级为二级，地基复杂程度等级为二级，岩土工程勘察等级为甲级。根据场地地质条件，勘察以钻探为主要手段，原位测试采用孔内标准贯入试验、单孔波速测试等。室内土工试验主要包括常规试验、固结试验（最大压力 1 200 千帕）、黏粒含量试验、UU 法三轴剪切试验等，并进行了水质分析试验和土的易溶盐含量分析试验。

河钢产业升级及宣钢产能转移项目

建设地点：河北省唐山市
建筑面积：约 5 760 000 平方米
设计 / 竣工：2019 年 /2022 年

本工程为河钢产业升级及宣钢产能转移项目原料区域 EPC 总承包工程，新建大型智能化原料场，本次原料场按配套年产 732 万吨铁、747 万吨钢的建设规模设计。主要原料来自海运码头，部分煤炭、铁矿粉、熔剂等由铁路或汽车运输进厂，原料场主要用户包括烧结、球团、炼铁、石灰窑、焦化、中厚板等。为我国举办 2022 年冬奥会的绿水蓝天保驾护航，在省委省政府的倡导下，河钢集团制定出台了宣钢整体退出方案，连同唐钢、承钢部分产能一并整合重组、产能转移、减量搬迁，在唐山市乐亭经济开发区建设"河钢产业升级及宣钢产能转移项目"。

唐山佳华煤化工园区桩基工程

建设地点：河北省唐山市
桩基工作量：65 000 立方米
设计 / 竣工：2019 年 /2020 年

　　唐山佳华煤化工有限公司工程总规模为年产焦炭 300 万吨，外扩煤气 6 亿立方米，粗焦油 15 万吨等。本项目主要建设内容为：建设 4 座 60 孔 7.0 米顶装焦炉、3 套 170 吨 / 时干熄焦设施、2 套 30 兆瓦汽轮发电机设施及相关配套的备煤、煤气净化、化产品深加工、脱硫废液制酸、除尘、脱硫脱硝、余热回收、循环水、污水处理设施等生产辅助和公用设施。本项目桩基工程主要为后注浆灌注桩，灌注工作总量约为 65 000 立方米混凝土。

石家庄市轨道交通安全质量状态评估项目

建设地点：河北省石家庄市
设计 / 竣工：2016 年 / 在建

自 2016 至 2022 年，作为石家庄市轨道交通安全质量状态评估项目的项目负责人，在轨道交通建设工程施工监管中建立安全质量评估机制，全面加强轨道交通建设工程安全风险管控和事故隐患排查治理预防机制常态化建设，确保全市轨道交通建设工程安全质量管理全面、持续、稳定受控。根据石家庄市轨道交通建设工程具体情况，依据国家相关法律法规、专业技术规范、规程编制《石家庄市轨道交通建设工程安全质量状态评估文件》，是将安全质量风险管控前移，以制度创新推动监管转型升级的创新形监督管理方式，用以缓解轨道建设工程安全质量监督人员少，专业技术力量不足，不能有效进行监督管理的情况。

梁书奇

1966年12月生，河北栾城人，中共党员，正高级工程师，任中冀建勘集团有限公司工程勘察公司经理，集团公司技术委员会委员。1988年毕业于河北地质学院（现河北地质大学）水文地质与工程地质专业，2006年获得一级注册建造师（建筑）执业资格，2007年获得注册土木（岩土）工程师执业资格。2009年被评为河北省"三三三"人才工程第三层次人选，2012年被评为石家庄市有突出贡献的中青年专家，2022年被评为河北省勘察设计行业领军人才。

社会任职

热心岩土工程技术的交流、推动行业进步和人才培养等工作，积极参加学会、协会工作，被国家和地方多个行业协会、学会聘为专业委员会专家、科技成果评审专家、高校硕士生指导老师等，为传授知识、培养人才、促进岩土工程行业发展和技术进步做出了重要贡献。

先后受聘为中国施工企业管理协会岩土工程专业委员会专家，河北省工程勘察设计专家委员会专家、河北省土木建筑学会地基基础学术委员会委员、河北省水资源论证报告书评审专家、河北省地震安全性评价技术审查专家，河北、山东、吉林、江西、河南、广西、广东、河南、四川等多省科技进步奖评审专家，河北地质大学工程管理硕士校外导师。

个人荣誉和学术成果

一直工作在生产第一线，为国家、地方基础设施建设服务，主持完成了工业民用建筑、电力、石油化工、煤炭、交通等多个行业的国家、地方重点工程，并完成了多项科研课题的研究工作。

截至目前，从事专业技术工作已35年，主持完成的项目，获得全国优秀勘察设计金质奖1项和银质奖3项，获全国勘察设计行业优秀工程奖6项，获省优秀工程勘察设计奖26项。主持完成的科研课题成果，获得河北省科技进步奖4项，河北省建设行业科技进步奖10项。作为主要编写人参与编写行业标准1项，河北省地方标准3项；获得国家发明专利8项，实用新型专利2项；取得软件著作权3项；取得省级工法2项，取得河北省科技成果10余项；出版著作1部，发表论文10余篇。

单位评价

梁书奇同志毕业后一直就职于中冀建勘集团有限公司，从事水文地质、工程地质、岩土工程和地质灾害防治等专业技术与管理工作。其在工作中始终坚持谦虚谨慎、求真务实的工作作风，以不断创新、勇于开拓的实践精神对待每一项工作，具有良好的职业道德和专业素养，在岩土工程专业技术领域取得了丰硕的成果，为行业、地方专业技术的进步和工程建设的发展做出了突出贡献。

做时代的岩土人

一、激情和梦想的年代

1966 年我出生在一个农村家庭，成长于"工业学大庆、农业学大寨"的激情时代。1978 年改革开放的春风给神州大地带来了新的生机。恢复高考给那个时代的年轻人点燃了激情和梦想，一首《年轻朋友来相会》，唱出了多少年轻人向往美好的心愿，对未来的憧憬和对祖国建设的激情。作为一个"80 年代的新一辈"，1984 年我怀着激情和梦想走进高考考场。

高考填报志愿时，老师的教导在耳旁响起：到最艰苦的地方去，为国家找石油、找矿产，为国家做贡献。作为一个从农村走出来，对未来懵懂无知的少年，大学将给我打开一扇想象之门和通往未来的宽广之路。在那个交通不发达的年代，我幻想着游遍祖国的美丽山川、河流，感受不同地域的文化，认识地质的变迁、资源宝藏的形成，为祖国找出丰富的矿产资源。带着对未来美好的憧憬，我报考了地质院校，如愿走进了河北地质学院（现河北地质大学）的大门。入学后，拿到地质"三宝"（罗盘、放大镜、地质锤）时，我紧紧地握在手中，心里告诉自己一定要成为一名优秀的地质工作者。

四年大学生活，我学到了水文地质和工程地质专业知识，明白了地质工作，不单是找石油、矿产资源，还有为工程建设、地质防灾减灾提供重要的工程地质资料，为城市建设、工业发展、人民生活用水提供水文地质勘察服务。

从基础地质学到专业的水文地质与工程地质学习，我丰富了专业知识，开阔了眼界，更清晰地看见了工作之路。我在大学认真完成了每一门课程和每一次专业实习，1988 年，我怀揣着梦想，迈着坚定的步伐，走出大学校门，走上自己的"圆梦之路"。

二、与水之"缘"

毕业后我作为优秀毕业生被分配到河北省城乡勘察院（现名中冀建勘集团有限公司）水文处从事水文地质工作。在这里，我遇到了工作中第一位师傅王登级。是

他告诉我，作为一名工程技术人员应该从最基础的工作做起，扎扎实实做好现场每一项工作，全面掌握各项专业技能。按照院里对技术人员技能学习安排，我被分配到水文钻机机台上学习、锻炼。

在机台上，我从事水文地质钻探、编录、井身结构设计等技术工作，一干就是两年多时间。在这个过程中，我觉得作为一名大学生，应该结合自己学习的知识，在现场做一些有意义的事情。大学虽然学了专门水文地质学、水文地质钻探、物探等专业课程，但每天看着现场回转钻机磨盘一圈又一圈地旋转，一个个回次岩芯描述，我感觉也没有什么可做的事情。直到有一天，我看到钻机钻进尺缓慢，于是根据自己所学的知识进行分析，提出改进钻头、增大钻压、提高转速、调整泥浆性能可提高钻进效率的建议。建议被采纳后，钻进效率明显提高，我的内心有了一丝欣慰和学以致用的成就感。在实践过程中我也遇到了一些新的实践问题，如水泥封井、固井方法、事故处理措施等书本上没有的内容，我深感实践需不断学习和总结，专业知识需要不断地深化和探索。机台跟班作业两年多，我跟着师傅勤学、多问，理论实践结合，全面掌握了水文地质钻探成井工艺、成井环境影响及事故处理、井位勘定等技能，使我深深理解了张遵葆大师提出的要想做一名合格的技术人员必须从基层工作做起，要做好水文地质勘察工作必须全面掌握水文地质钻探技术的深刻含义。

1991 年，我开始从事综合水文地质勘察工作，在此过程中，我得到了张遵葆大师、杨冀彩主任、梁金国大师、聂庆科大师等多位前辈和领导的指点和帮助。通过负责山西山底村供水井勘察施工、山东博山区电厂供水井勘察施工、平山县县城供水水源井位勘定及供水井施工等几个项目，使自己对专业知识的理解和分析解决实际问题的能力有了很大的提高，为独立完成水文地质勘察工作打下了坚实的基础。之后，我负责了张家口腰站堡水源地勘察的水文地质试验、唐山古冶区海子沿水源地勘察、宁晋县北苏地面塌陷水文地质调查研究、唐山体育场岩溶塌陷治理、广西信发铝业有限公司场址和尾矿库

地质勘察等多个项目，并获得了国家和行业优秀工程奖。

每个项目都有各自的特点和难点，在解决问题的过程中，我不断思考总结、丰富自己的经验和实践知识。记得山西山底村供水水文井施工时，地下水位埋深 300 多米，从岩芯岩溶、裂隙的发育程度判断地下水量丰富，但注水试验效果不理想，业主请当地水文地质专家会诊，无法判定成井出水效果。后来我详细分析了当地水文地质条件，并结合钻探过程中岩粉捞取少以及注水试验特点综合判定，岩粉堵塞岩溶溶（裂）隙导水通道影响注水试验效果。据此我提出了采用盐酸 + 二氧化碳联合洗井的方法，顺利解决了导水通道堵塞的问题，取得良好的效果。该项目于 1993 年获河北省优秀勘察三等奖。在山东博山电厂水文钻井项目管理中，我首次提出了水文地质钻探现场管理标准化，获河北省建设委员会评定的现场管理 QC 小组二等奖，被列为全院学习的标杆。在工作实践中，我理解了工作不是简单重复，而需要不断总结和创新的含义。

1994 年，我负责唐山古冶水源地勘察，在查明区域水文地质条件下，详细分析了第四系孔隙水与下伏岩溶水动态补排条件，提出了第四系地下水补给下伏岩溶水的二元结构模型，并进行了开采性抽水试验，经综合分析评价确立了海子沿水源地日开采 5 万方水的可行性，为古冶区城市供水提供了重要保证。通过本项目我掌握了唐山地区岩溶水和第四系水的补排关系特征，为后续唐山体育中心塌陷的治理奠定了理论基础。项目于 1999 年获河北省优秀工程勘察设计一等奖。

1996 年洪水过后，宁晋北苏乡出现了地面塌陷，引起当地居民恐慌。河北省建委安排我单位负责查明塌陷问题原因。我作为水文专业负责人，负责相关勘察工作。通过对区域地质、水文地质条件、现场塌陷分布的特点和规律进行分析，我提出了地面塌陷的形成演变地质模型，分析解释了地面塌陷的形成机理，为后期的治理提供了重要的依据。在此工程中，我体会到了岩土工程中水对岩土体工程性质影响，了解了如何从工程的视角看地下水，也为后续从事岩土工程工作打开了新视角。研

究成果于 1998 年获河北省建设行业科学技术进步奖二等奖，项目于 1999 年获河北省优秀工程勘察设计二等奖。

2007 年，我负责广西信发铝电有限公司靖西场址和 160 吨赤泥库项目勘察工作。通过现场水文地质调查测绘、综合物探、钻探、抽水试验等多种勘察手段，我查明了场地地表水、第四系孔隙水、岩溶水补、迳、排条件，以及岩溶发育对工程建设的影响，为厂区和库区岩溶治理和地下水控制设计提供了科学依据，两个项目均获得了国家优质工程奖银奖。

2009 年，公司承揽新疆农六师铝电项目勘察工作。场地位于天山博格达峰北麓，地层为冲积形成的饱和粉土，渗透性差、灵敏度高，施工过程中粉土液化严重、施工困难，为此我们申请了"饱和粉土地基真空井点降水专项研究"课题，提出了低渗透性饱和土真空负压条件下降水设计的新方法，并撰写论文发表于《岩土力学》期刊发表。项目于 2013 年获全国优秀工程勘察设计一等奖。

就这样，在水文地质工作中一路走来，我与水结下了"缘"，对其时爱时恨，我喜欢它那润万物而不争的境界，怨恨它的无情给人类带来的灾难。这一矛盾，也正是一个水文地质工作者存在的价值，让水的"润"恩泽天下，让水的"难"不近世间。

三、岩土工程实践与拓展

我个人的成长离不开公司的发展，公司的发展为我提供了良好的平台。1988 年到 1998 年间，我主要从事水文地质勘察、凿井施工等工作。随着公司业务的拓展和发展需要，1998 年，公司从意大利引进了第一台旋挖钻机。作为机台技术负责人，我负责旋挖钻机施工管理、总结旋挖钻机施工方法和工艺参数，在北京地铁八王坟车辆段桩基工程中，我根据场地条件总结了不同地层钻压、回次进尺及稳定液配置等工艺参数，创造了日完成 19 根桩（当时回转钻机效率日均完成 2 根）的最高纪录，质量和进度管理得到业主、监理的一致认可。在梁金国大师、韩立君大师和聂庆科大师的指导下，我总结了旋挖钻机操作规程和施工工艺，开发了后压浆旋挖钻孔灌注桩施工新技术，

为旋挖钻机取代潜水电钻施工奠定了基础，该项技术获河北省十大优秀发明奖。2000 年作为绿色施工技术，被引入石家庄市人民会堂桩基施工项目，得到了市政府的高度认可。该项目被评为河北省文明施工工地。

2000—2005 年随着国家交通基础设施建设，公司开展了路桥工程施工新业务，我先后担任了陕西榆靖高速跨无定河大桥、阎禹高速 14 标跨漯河大桥、新郑高速跨陇海铁路大桥等项目的项目经理。通过项目管理工作，我丰富了自己的管理经验、拓宽了管理思路、提高了综合管理能力。

2007 年至今，我担任工程勘察公司经理，负责全面工作。除了管理工作，我作为注册岩土工程师负责了数十项大型项目的岩土工程勘察、设计治理等工作，项目涉及工业与民用建筑、电力、石油化工、煤炭、冶金等多个行业。在各个项目中，我贯彻创新驱动、技术进步的理念，注重新技术、新方法的开发与利用，为项目的设计、施工提供科学的依据，得到业主的认可。我负责的中海油粤东 LNG 项目、新疆农六师煤电项目、广西信发靖西铝电项目、河北省奥体中心、石家庄开元环球中心和勒泰广场、邯郸艺术中心、沧州黄骅港中钢镍铁项目、唐山东润国际广场等项目中都倾注了自己的热情与心血，也展现了中冀建勘的实力。截至 2022 年，在主持工程勘察公司 15 年内，获得国优、行优和省优等各类优秀工程的项目达 50 余项，有力地推动了岩土工程勘察专业的发展。

四、创新之路

我们的祖国幅员辽阔、山河壮美，从高原到丘陵，从平原到滨海，形成了多种地形地貌，岩土类型性质差别较大。工程建设中，复杂的水文地质和工程地质环境，常常会产生许多新问题。

汶川地震后，我作为河北省灾后援建单位负责人，到平武参加援建工作，灾后的现场满目疮痍，至今仍历历在目。作为一个工程建设者、地质工作者，我深感面对灾难时的无力和对生命的惋惜。工程建设如何预防减少灾害、降低风险、保护宝贵的生命？我对自己从事的工作陷入思考。作为一个岩土工程的从业者、实践者，唯有永不停步、不断创新，推动技术进步和发展，努力抢在灾难和风险的前面，才能保护人民生命安全和财产，这也是一名工程建设者应有的责任和使命。

复杂的地质条件、对自然规律的尊重、对工程安全的责任，时刻警醒我以求真务实的态度，以不断创新、开拓的实践精神对待每一项工作。工作中以扎实的理论分析和创新的实践思维，去解决一个又一个技术难题。

河北省唐山市区是北方覆盖性岩溶分布的典型地区，市体育中心看台曾在中日韩青年运动会期间发生地面塌陷。我作为技术负责人，负责了场地地下水与岩溶塌陷的勘察评价，提出了岩溶区"双层水"诱发地面塌陷发育的机理，为项目的科学治理提供了重要依据。该项目获得 2004 年全国第九届优秀工程勘察设计银质奖。结合后期市区其他多个岩溶项目的勘察总结分析，我主持完成的"唐山地区岩溶地质灾害治理综合研究"课题，获得了 2021 年河北省建设行业科技进步奖一等奖，并参加编写河北省地方标准《岩溶区岩土工程技术标准》。我主持研发的《城市岩溶勘察信息系统》获 2019 年河北省优秀工程勘察设计奖一等奖。

2007 年，我负责了广西信发铝电有限公司靖西厂址岩土工程勘察与治理工程和 160 万吨氧化铝赤泥堆场岩土工程勘察工作。该项目为典型的裸露性岩溶地区，针对岩溶区地表水、地下水对工程的影响，展开了专项水文地质勘察、岩溶水渗流影响分析和红黏土治理技术研究，两个勘察项目分别获得 2008 年全国优秀工程勘察设计银奖和 2015 年 14 届全国优秀工程勘察设计银奖。

2009 年，我负责完成了新疆农六师铝电有限公司项目。该项目是五家渠市重点项目，场地主要为饱和第四系软弱粉土。我们围绕场地岩土特点开展了大面积真空井点降水技术和复合地基处理两项课题研究，取得了多项技术成果，成果获得省科技进步一等奖 1 项，三等奖 1 项。该项目于 2013 年获得全国工程勘察设计行业一等奖。

近年，结合我省沿海发展战略，针对沿海地区软土和围海造地的吹填土处理技术难题，我们进行了专项课题攻关，完成了"吹填土地基处理技术开发及应用"研究并获河北省科学技术进步奖三等奖。该技术在我省京唐港、曹妃甸、黄骅港，以及国家多个沿海港口城市进行推广应用。

紧随国家"一带一路"倡议，我主持完成了沿线国家的多个工程项目，并获得了河北省优秀工程勘察设计奖。

结合国家"十三五""十四五"规划要求，面对环境治理、固体废弃物综合利用、污染场地建设等问题，我主持开展了多项课题研究，完成的"劣质脱硫石膏和粉煤灰作为填土材料的试验研究"课题获得河北省建设行业科学技术进步奖一等奖，并被列为2021年全国建设行业科技成果推广项目。另外，我还组织开展了污染土场地勘察、尾矿赤泥地质聚合物新材料技术研究等工作。

在多年的实践工作中，除主持完成一个个工程项目外，我不断地实践和总结岩土工程新技术和实践经验，先后参加了《建筑工程地质钻探与取样技术标准》《污染场地岩土工程勘察技术标准》《石家庄市区工程地质地层层序划分标准》等多项行业和地方标准的编制，为行业技术的发展和推广贡献了自己的力量。

岩土工程虽然是一个传统行业，但不同时代面对不同的问题，新时代的岩土工程技术发展永远在路上。我从事岩土工程工作35年，一路走来，得到了学校老师、公司领导、同事的无私帮助和支持，得到了给予我展示自我的平台——中冀建勘集团有限公司的锻炼和培养，才使自己的岩土人生路走得坚定、踏实。未来岩土发展道路上，我将一如既往秉承"投身岩土、发展岩土、奉献岩土"的精神，紧随时代步伐，为国家和地方工程建设事业的蓬勃发展，贡献自己的力量，做一名时代的"岩土人！"

附：近年科研成果与优秀工程获奖

1. 科技进步奖

① 2012年《粉土地基大面积真空井点降水综合试验研究》获河北省建设行业科学技术进步奖一等奖；② 2013年《素混凝土桩复合地基综合试验研究》获河北省建设行业科学技术进步奖一等奖；③ 2013年《吹填土地基成套技术研究项目》获得河北省科技进步三等奖和河北省建设行业科学技术进步奖一等奖；④ 2015年《风积沙的工程特性及改良技术研究》获河北省建设行业科学技术进步奖二等奖；⑤ 2017年《腐蚀环境下混凝土的耐久性寿命预测及抗腐蚀材料研究》获河北省科学技术进步奖一等奖，《腐蚀环境下混凝土构件的失效机理及耐久性材料研究》获河北省科学技术成果；⑥ 2017年《素混凝土刚性桩复合地基核心技术研究与工程应用》获河北省科学技术进步奖三等奖；⑦ 2017年《基于多点位移量测的土体现场直剪试验施工工法》获河北省建设行业科学技术进步奖三等奖；⑧ 2020年《劣质脱硫石膏和粉煤灰作为填土材料的试验研究》获河北省建设行业科学技术进步奖一等奖；⑨ 2020年《碎石土中超深高压旋喷桩施工技术》获河北省建设行业科学技术进步奖二等奖；⑩ 2021年《唐山地区岩溶地质灾害治理综合研究》获河北省建设行业学技术进步奖一等奖。

2. 优秀工程奖励

① 2010年《河北省石家庄市援建项目（平武县平武中学）》获四川省工程勘察设计"四优"一等奖；② 2015年《河北开元环球中心岩土工程勘察》获全国优秀工程勘察设计二等奖；③ 2015年《邯郸金世纪新城岩土工程勘察、基坑支护、地下水控制及监测》获全国优秀工程勘察设计一等奖；④ 2017年《山东东岳能源交口肥美铝业有限公司1#赤泥堆场勘察与加固治理工程》获全国优秀工程勘察设计一等奖；⑤ 2017年《中海油粤东LNG项目接收站储罐区岩土工程勘察》获全国优秀工程勘察设计二等奖；⑥ 2019年《浙江舟山液化天然气（LNG）接收及加注站项目一期工程LNG储罐设施岩土工程勘察与桩基工程》获全国优秀工程勘察设计一等奖；⑦ 2019年《城市岩溶勘察信息系统》获河北省优秀工程勘察设计奖一等奖；⑧ 2020年《山东信发华源贸易有限公司二期翻车机基坑勘察、设计、施工监测一体化项目》获河北省优秀工程勘察设计奖一等奖；⑨ 2021年《荏平信源碳素有限公司新建碳素项目岩土工程勘察与地基回填处理》获河北省优秀工程勘察设计奖一等奖；⑩ 2022年《上汽通用五菱汽车股份有限公司印尼项目岩土工程勘察》获河北省优秀工程勘察设计奖一等奖。

张家口腰站堡水源地供水水文地质勘察

建设地点：河北省张家口市
建设规模：大型供水水源项目
勘察/竣工时间：1992年/1994年
获奖情况：1995年国家优秀勘察奖金奖

本项目位于张家口市桥西区。项目主要解决张家口市城市供水问题，供水量要求8万立方米/日。项目采用了调查、物探、钻探、地下水水位观测、多尺度水文地质参数测试、生物化学分析试验等多种手段，查明了区域水文地质条件、含水组分布、含水层特征、水文地质参数，以及地下水的动态变化特征，通过地下水开采性抽水试验，对地下水可开采量、水质进行计算和评价，科学合理地分析、评价了勘察区作为水源地的可行性，为解决张家口市的供水问题，保证张家口市几百万人的各类用水以及城市的可持续发展提供了充足的条件。项目总结的综合勘察方法，在后续唐山、秦皇岛、邯郸等多个工程项目中推广应用，取得了良好的效果。

唐山市体育场（体育中心）岩溶塌陷地质灾害治理工程

建设规模：大型地质灾害治理项目
建设地点：河北省唐山市
竣工时间：2002年
获奖情况：2004年全国第九届优秀工程勘察
设计银质奖

本项目位于唐山市市中心，1988年6月6日，田径训练馆曾在中、日、韩三国青年运动会期间发生地面塌陷，最大沉陷量47厘米，面积达496平方米。为了查明塌陷原因，制定科学合理的治理方案，项目采用了面波、高密度映像和井间CT等综合物探技术，结合钻探验证，有效查明岩溶发育情况及塌陷漏斗的空间分布状态；总结了唐山地区岩溶塌陷与地层结构的关系，构建了判别岩溶发育的"天窗"机理，并结合岩溶发育特征，制定了一套岩溶治理、检测方法，取得了岩溶塌陷治理成功，为后续唐山地区进行岩溶治理提供了宝贵的经验。

广西信发铝电有限公司靖西厂址岩土工程勘察与治理工程

建设规模：大型铝电一体化项目
建设地点：广西壮族自治区百色市
竣工时间：2007 年
获奖情况：2008 年度全国优秀工程勘察设计奖银奖

　　本项目位于广西壮族自治区靖西市境内，以高原山地地形地貌为主要特征，山高谷深，地形陡峭，属典型的岩溶地貌单元。项目地处岩溶发育区，工程为大型项目，重要性等级为一级，勘察等级为甲级。结合项目场地的发育特点，采用了工程地质测绘与调查、钻探、物探、原位测试、土工试验、载荷试验以及专项课题研究的方式，查明了岩溶区复杂的工程地质和水文地质问题，解决了场地地基基础设计、施工和红黏土处理等技术难题，项目 2007 年建设竣工，监测结果表明，建成后项目整体运行安全。

广西信发铝电有限公司 160 万吨氧化铝赤泥堆场岩土工程勘察

建设规模：堆场全库容等别为三等
建设地点：广西壮族自治区百色市
竣工时间：2010 年
获奖情况：第十四届全国优秀工程勘察设计银奖

　　本项目位于广西壮族自治区靖西市境内，属典型的岩溶地貌单元。项目总用地面积约 600 亩。氧化铝赤泥采用湿法堆存，最终堆积标高为 840 米，最终堆积坝高 60 米，设计全库容约 2.091×107 立方米。赤泥堆场规模为大型工程，重要性等级为一级，勘察等级为甲级。

　　项目采用多种原位测试手段与多种物探方法相结合的方式查明了拟建场区渗透特点、区域、方向、深度等问题，并采用了坝体渗流稳定性分析数值计算，为工程防渗设计提供了详细、科学的参考依据，为整个项目早日投产使用起到了先期作用。

新疆农六师铝业有限公司岩土工程综合项目

建设规模：大型铝业项目
建设地点：新疆维吾尔自治区乌鲁木齐市
竣工时间：2011 年
获奖情况：2013 年度全国优秀工程勘察设计行业一等奖

　　本项目位于乌鲁木齐市五家渠 102 团场，包括电厂、再生铝加工厂、碳素厂等三部分，总占地 9 000 余亩，项目总投资约 600 亿，为大型电力、冶金综合体项目，工程重要性等级为一级，勘察等级为甲级。

　　项目场地处于天山博格达峰北麓，场地饱和粉土密实度低、压缩性高、承载力低和腐蚀性强，结合上述特点采用了综合的勘察方法，并开展了真空井点降水现场试验、复合地基承载力机理及特性试验、混凝土防腐蚀技术等课题研究，顺利地解决了项目的岩土技术难题。项目研究课题"腐蚀环境下混凝土的耐久性寿命预测及抗腐蚀材料研究""素混凝土桩复合地基综合试验研究"获河北省科技进步一等奖和河北省科技进步三等奖。

浙江舟山液化天然气（LNG）接收及加注站项目一期工程 LNG 储罐设施岩土工程勘察与桩基工程项目

建设规模：大型 LNG 储罐项目
建设地点：浙江省舟山市
竣工时间：2017 年
获奖情况：2019 年度全国工程勘察设计行业
一等奖

本项目位于浙江省舟山市，为浙江省重点项目，总投资 150 亿元；其中主要建设 4 座 16 万立方米 LNG 储罐、LNG 加注工艺系统及配套辅助设施，项目为大型 LNG 项目，工程重要性等级为一级，勘察等级为甲级。项目采用综合勘察方法，分析了场地吹填土的工程特性，结合桩体原型试验，分析了单桩承载力的发挥规律和机理，预测了回填层变形对基桩设计的影响，为高承台桩设计提供了科学的依据和建议，确保了工程的顺利实施。

张延军

张延军，男，汉族，1968年出生，籍贯河北省张家口市，民革党员，国家注册土木工程师，正高级工程师。1991年毕业于成都地质学院（现成都理工学院）水文地质与工程地质专业，获工学学士学位；毕业后分配到张家口地区建筑设计院。先后任张家口地区建筑设计院勘察室主任，张家口市京北岩土公司副总经理。于2004年独立创业，现任张家口市金石岩土工程技术有限公司、张家口市鼎力岩土治理有限公司、张家口市大地基桩检测有限公司董事长。

社会任职

现任河北省工程勘察设计咨询协会常务理事；河北省土木建筑学会工程诊治与质量控制学术委员会常委；河北省工程勘察设计咨询协会专家委员会专家；河北建筑工程学院研究生企业导师；华北理工大学研究生校外实践指导教师；民革河北省人口与资源环境委员会委员，河北民革企业家联谊会常务理事、民革张家口市委委员、民革张家口市桥西区主委；张家口市十一届、十二届市政协委员、十五届市人大代表；张家口市桥西区民营经济信用担保商会常务副会长。

主要工程情况及荣誉

从业三十余年，主持完成了各类大小工程勘察项目数百项，岩土工程治理项目数十项，岩土检测项目数百项；累计完成产值十几亿元；先后发表论文十余篇，主编国家团体标准和地方技术标准各1项、参编省级技术标准2项；完成科技成果省级鉴定3项；拥有国家实用新型专利4项；获得省科技进步一等奖2项、二等奖1项；获省级优秀工程勘察设计奖一等奖1项、二等奖3项；2014年获评河北省勘察设计行业优秀企业家；2022年获评河北省勘察设计领军人才。

单位评价

张延军同志自1991年大学毕业至今，一直从事岩土工程工作32年有余。其在2004年创立了张家口市鼎力岩土治理有限公司，在2005年创立了张家口市大地基桩检测有限公司，在2007年创立了张家口市金石岩土工程技术有限公司。作为上述三公司的主要创始人，他带领上述企业始终服务在本地工程建设的第一线，为本地的经济发展、城市建设贡献了一份岩土人的力量。

该同志爱岗敬业，理论扎实，实践经验丰富，创新能力强。其先后从事岩土工程勘察、岩土工程设计、岩土工程治理、岩土工程检测与监测等专业技术工作，主持完成了数十项大中型建设项目的岩土工程系列工作，先后荣获省、市级优秀勘察设计奖数十余项；在多年从事岩土工作实践中，他创新性、开拓性地解决了张家口市多起复杂岩土工程问题，实现了当地岩土工作的多个首创，逐渐成长为张家口岩土工程行业的领军人才，不断推动当地岩土工程的技术发展、技术进步、技术创新。

懵懵懂懂入地质 一生甘做岩土人

1968 年，我出生在河北省张家口市涿鹿县的一个普通农村家庭。涿鹿县历史悠久，据考证，五千年前，黄帝联合炎帝与蚩尤大战于涿鹿，此战对于中华民族文明的发展有重大意义。至今在涿鹿县的矾山镇还保留着当年大战的遗迹遗址——黄帝泉、轩辕湖、黄帝城等。先人在涿鹿县这块神奇的土地上征战、耕作、融合，为涿鹿县赋予了厚重的历史和文化；我出生的村庄与黄帝城遗址分属于桑干河两岸，直线距离也不过 10 多里路。

我的父亲在距家 30 多里远的一家国有煤矿上班，母亲居家务农。我的母亲是一个高中生，那个年代能读县里的高中，就算是比较有文化的知识分子了。记得母亲还在小学做过几年代课教师，街坊邻居对她很是尊敬。就是在这平凡的家庭中，我从小接受着严父慈母式的家庭教育。父亲每日起早贪黑骑行 30 多里路上下班，风雨无阻，在我记忆中数十年很少见父亲休息过。父亲每天骑着一辆老旧的自行车跋涉，这种持之以恒的精神潜移默化地影响着儿时的我。父亲很是敬业，导致鲜有时间管我们兄弟姐妹的日常生活和学习，所以儿时的记忆中都是母亲的身影。母亲的勤劳、善良、知书达礼、吃苦耐劳的品格也深深地影响着儿时的我！

小学的记忆不是很深刻了，只记得我那时比较贪玩。上初中时，母亲经常教育我们兄弟姐妹几个要好好读书，给我们尽量创造读书的条件。那时放学后孩子们一般都要干一些农活或帮父母做一些家务。我家也分有几亩自留地，种些玉米、小麦和蔬菜等。由于父亲在外上班，繁重的农活便主要由我母亲和哥哥姐姐承担起来。农忙季节的拔草、施肥、浇水等农活我也都干过，但母亲总是让我少干些，多空出一些时间来读书学习。父亲平日都很严肃，总是板着脸，只有在我每学期考试成绩能够排在班级前三名时，才会露出笑脸。那时的我很努力地读书，因为读书不仅可以少干些农活，还会让父母高兴，所以我对读书倒也不抵触，甚至有点喜欢。正是由于父母对读书的重视和倾力支持，为我日后的成长打下了坚实的基础。

1983 年我考入县第一中学就读高中。我们乡的初中有几十个孩子，最后能够升学到县高中的一共也就七八个。我记得当时自己很兴奋，父母也很为我骄傲。怀着喜悦和好奇心，我第一次离开家，到 20 多里远的县城上学，住在集体宿舍，从这以后我便开启了独立的生活。

高中的学习既紧张又辛苦。三年的高中集体生活，不仅锻炼了我独立生活的能力，更培养了我吃苦耐劳、持之以恒的精神。那时我印象最深的一句话就是"成功是靠百分之九十九的汗水换来的。"所以我高中学习一直重承勤能补拙的心态，坚信多付出一份努力便会多一分收获。那时没有家长的叮咛、没有老师的监督，课后学习一切都要靠自己的努力。宿舍晚十点后要熄灯，为了能再多学习一会儿，我甚至偷偷制作了一个简易小台灯。灯罩是用半个乒乓球做的，为的是能够钻到被窝里，悄悄打开小台灯再多看会儿书。每天早上 5 点不到我便起床了，教室还未开门，就只能借着教室前路灯的微弱亮光开始一天的学习。那时我感觉学习并不是很辛苦，反而有点享受。

1987 年，我参加了高考，被成都地质学院（以下简称"成地"），现在改名为成都理工大学录取，成为一名光荣的大学生。那时的我根本不知道地质为何物，考完试也不知该填什么志愿，最后还是高中一位非常要好的同学帮我填写的。他填报的是成都科技大学，想拉我一起去成都上学，便在成都的其他学校中选了成都地质学院，专业填报了水文地质与工程地质专业。我后来才知道同学的爸爸就是西安地质学院的一名大学生，学的也是这个专业，是他给我选的这个专业！就这样，懵懵懂懂的我结缘了地质。现在想来，我还是要感谢给我选择地质专业的这位老前辈！人生最重要的选择可能就那么几次，不同的选择就会有不一样的人生。现在回想起来，成为一名岩土人，我此生无悔，乐在其中！

大学四年的时光也是激情燃烧的岁月。一迈入大学校门，我被眼前的校园景色震撼了，成都地质学院在成都可能不是最大的校园，但绝对是最美的校园。

校园中有占地近一半的中心花园——砚湖，湖中假山楼榭、亭台花草；教学楼前有银杏大道，银杏树下花团锦簇、色彩缤纷；还有全国高校中最大的地学类自然博物馆——恐龙博物馆，其内陈列着镇馆之宝——全亚洲最大的合川马门溪龙化石标本，全长达22米。更有三三两两漫步在林荫道、静坐在砚湖边读书学习的芸芸学子。我深深地爱上了这个学校。

在成地求学四年，我也从一个地质专业的小白逐渐成长为一名合格的地质专业的大学生，我深深地爱上了这门神秘、博大、厚重、充满探索性的学科——水文地质与工程地质。白天我勤读在阶梯教室中，聆听学校老一辈地质学家授课，晚上则留恋在"砚湖"水上图书馆，畅游在地学知识的海洋中。我的地质专业启蒙老师就是时任成都地质学院的校长——张倬元教授，他是我国著名的地质学家、教育家、工程地质国家重点学科学术带头人。记得张教授给我们新生上的是《普通地质学》，是地质专业的基础课程。听张教授娓娓道来，一幅幅远古时代的地质地貌场景呈现在我的眼前，他引导我们追寻和探索地球的奥秘，大家对地质的第一印象便在张教授的循循善诱的教学中建立和生动起来。他把热爱地质专业的种子撒到每一位新生心中，生根发芽，而今已长成一棵棵参天大树！

在专业学习的过程中，我还有幸聆听了学校多位地质学家的精彩授课，如孔德芳教授、任天培教授、刘兴诗教授、王士天教授等。正是这些老一辈地质学家的启蒙教育，使我学到了扎实的地质知识，也深深地爱上了这个专业。地质是一门实践性很强的学科，大三以后，我们便开始了每学期的实践课程。成地的实习基地有江油市的马角坝实习基地和峨眉山实习基地。地质实习很有趣也很辛苦，每天都要走很多山路进行地质踏勘，跋山涉水，披荆斩棘，饥餐露宿，渴了喝点山泉水，饿了吃一口冷锅盔（烧饼）。踏勘途中甚至还会面临一些险情，但那时的我们好像一点也不怕，更不觉得辛苦！当我们历经艰辛跋涉找到地质露头，填上地质体的产状，

厘清地质构造的形态时，我总有一种感觉：我们正在和几百万年、几千万年、几亿万年前的地球进行着对话，那是一种经过艰辛探索终于豁然开朗的满足感！带我们实习的马老师和苏老师有丰富的野外实践经验，也很风趣，一路上把艰辛的地质填图过程变成我们一群学生的探索之旅。大家边探索边学习，其乐融融！在峨眉山基地实习时，我们的带队实习老师——黄润秋老师给我们这些学生留下了非常深刻的印象。他把看似复杂的地质问题用生动诙谐的语言进行讲解，时而站在山巅上，时而在蹲在溪谷中，一块小黑板，一支小粉笔，随手就勾画出一幅幅地质简图进行讲解，一下子就让我们明白许多深奥的地层构造、地质成因，令人记忆深刻！同学们都佩服得五体投地。虽然黄老师仅带我们实习了半个多月，但我们好像把以前学到的知识都融会贯通了！黄润秋老师现在已经成为国家生态环境部的部长，他是我们的偶像，也是我们成地人的骄傲。

毕业实习时我选的课题是灾害地质调查。历时两个多月，我穿行在甘孜、阿坝的深山老林里，每天都要走十几里山路，调查填图十几个滑坡、泥石流、崩塌等地质灾害体。两个月下来，光野外笔记就记录了十几本。我被实习带队老师委任为一个野外小组的组长，我带的那个小组以近乎苛刻的精度要求进行地质点填图，我也有幸被组员冠以绰号"张关"，意思是野外填图别想偷懒定"飞点"（意思是不到实际地点而是站在远处随便在地形图上勾划地质点），组长这一关难过！付出终有回报，结束野外实习时，我们小组被评为优秀实习小组，小组的毕业论文也以翔实的野外记录、准确的数据分析、精准的地质填图获评为优秀毕业论文！

1991年，我大学毕业后回到了我的家乡——张家口，入职当地一家设计院——张家口地区建筑设计院工作，开启了我的岩土职业生涯。

当时这家设计院还没有开展勘察业务，我是单位入职的第一个地质学校毕业的大学生。单位领导希望我能把单位的勘察业务启动起来！一个刚毕业的大学生，刚入职就受命组建单位的勘察室，我感到前所未有的压力，

又有些小激动。于是我一头扎到单位勘察室的创建工作中。第一步需先建立土工化验室，一切都从零开始。于是我四处打听，先后到省设计院勘察处学习勘察外业的工作流程，到兄弟单位起早贪黑学习土工试验的操作和计算。在基本了解了勘察工作程序和需要的仪器设备后，我便开始采购土工试验仪器，布置化验室设施。可以说土工化验室的建立是我在单位领导的支持下，亲自动手完成的，在此期间我也学到了很多学校里未涉及的知识点。1992 年，我开始承接勘察项目，从野外布点、取样，到室内土工试验、画地质剖面图写勘察报告，虽然很累，但很充实也很快乐。能够学以致用，而且从一开始就能体验到勘察工作的全过程，我应该是幸运的，我的勘察基础功底也都是在那个阶段锻炼出来的。

2001 年，张家口市京北岩土公司成立。京北岩土公司是张家口市三家设计院（地区建筑设计院、市建筑设计院、市规划院）的勘察业务科室经分立重组后形成的一家有限公司。我也由原地区建筑设计院勘察室合并进入新公司——京北岩土公司，任副总经理。在京北岩土公司任职 3 年后，我辞职创立了鼎力岩土公司，这是一家以岩土治理施工为主营业务的公司。那时张家口市还没有一家专业的岩土治理公司，可以说鼎力岩土公司填补了张家口市这一领域的空白。随着岩土业务的发展，建筑市场的拓展，我又分别在 2005 年创立了张家口市大地基桩检测有限公司，在 2007 年创立了金石岩土工程技术有限公司，形成了岩土专业的系列化服务。

毕业至今 32 年的岩土生涯，创业至今近 20 年的成长经历，让我有幸毕业后能从事自己所学的岩土工作，有幸赶上了城市建设发展的时代大潮，作为一名岩土人，我深感骄傲和自豪。

在这 30 多年的岩土生涯中，我积极探索，不断创新，在张家口市岩土工程领域创造了多个"第一次"：第一次在我市勘察行业引进计算机辅助勘察设计软件，还利用 EXCEL 进行了编程，实现了化验室土工实验数据的自动计算；第一次在我市引进地基处理工法，进行了黄土湿陷性的岩土治理，并开启了我市的岩土治理新市场；第

一次在大型项目勘察中引入地锚反力装置的静载荷原位测试试验，极大地提升了大型项目的勘察报告水平和质量；第一次引进物探技术对我市防空洞等工程隐患进行有效探测，避免了多个项目的地基隐患；第一次开展我市典型地基土承载力确定对比实验研究，为《河北省地基承载力技术规程》的编制提供山区地质条件下代表性地层的土工试验数据和原位测试数据支撑；第一次在我市承接高边坡、深基坑支护项目；第一次主编了河北省地方性技术标准，等等。

在这 30 多年的岩土生涯中，我亲自负责的勘察项目达数百项、岩土设计项目数十项、岩土治理项目上百项，解决了多起复杂岩土工程问题，被省、市行业协会授予多项荣誉和奖励。

我非常感谢前辈岩土人对我的培养；我市老一辈岩土人——李翰林、崔广山、孟祥瑞等，他们给予了我很多帮助和指导，在他们的身上我也学到了岩土人所特有的求真务实、朴实无华的品质；我更要深深感谢我的恩师——梁金国大师多年来对我孜孜不倦的教诲。我和梁大师初见大约是在 1998 年的 7 月份，那时的我还是一个初出茅庐的大学生，大师来张家口出差，我怯怯地向大师请教一些岩土问题。初次见面，我就深深被梁大师的学问和人格魅力所折服，后来有幸成为大师的亲传大弟子。时光荏苒，一转眼已 25 年有余，在成为大师的弟子后，我不仅向大师学习专业知识，更向大师学习为人处世、厚德载物的优良品格。梁大师德艺双馨，他的学识、品格、胸襟、情怀深深地感染着我，激励着我，也鞭策着我。在梁大师的指导、鼓励、鞭策、帮助下，我市才开启了岩土治理新市场，引入了多项岩土新技术、新工艺、新设备，使我市的岩土工作开启了追赶我省先进地区水平的新征程。

正是在这个时代的大潮中，在老一辈岩土人的言传身教下，在我的恩师——梁大师的谆谆教诲下，我取得了些许小成绩，社会也给予了我很多荣誉。作为一名民革党员、张家口市岩土行业的代表，我还历任了张家口市十一、十二届两届市政协委员、十五届市人大代表。

在这个平台，我能有更多机会发声，为我市岩土行业的健康发展、可持续发展建言献策，略尽微薄之力。我曾先后撰写了多篇有关我市岩土行业发展的提案建议，比如《关于推进房屋建筑质量风险评估与保险的建议》《关于我市启动"城市健康体检"的建议》《依托京津冀一体化发展战略，加快建设我市"城市三维地理管理信息平台"的建议》等，许多提案建议都得到了市政府及建设主管部门的吸收采纳，从另一个角度为社会做出一名岩土人的贡献。

时间在变，身份在变，但我对岩土工作匠心逐梦、勇往直前的精神始终没变。值此获评河北省勘察设计行业领军人才之际，我深感荣誉与责任同在，我将牢记初心，做一名脚踏实地勤勤恳恳的岩土人；守正创新，不断为我市岩土行业的技术进步探索前行；甘于奉献，努力培养好公司新一代岩土接班人；砥砺前行，继续为我市新时期的岩土工程事业发展竭虑躬身！

北京冬奥会张家口赛区奥运村勘察项目

建设地点：河北省张家口市
建筑面积：256 880 平方米
勘察 / 竣工：2018 年 /2021 年

2022 年北京冬奥会张家口赛区的奥运村（冬残奥村）是 2022 年冬奥会张家口赛区的配套设施，赛时为各个国家和地区运动员、教练员及代表团成员的主要居住地。项目占地面积约 19.76 公顷。

勘察期间外业采用了航拍、物探、钻探、坑探等多种勘察手段，并进行了原位剪切试验、载荷试验、饱和单轴试验、抽水试验、基坑开挖模拟等试验。内业采用理正软件、MIDAS 软件、饱和基质吸力等多种手段对基坑进行了建模，综合分析场地地质条件，提出安全、高效、经济、可靠的地基方案。针对本项目，共取得 6 项专利，在国家期刊发表论文 3 篇。

张家口市博物馆、图书馆、档案馆项目

建设地点：河北省张家口市
建筑面积：88 000 平方米
勘察 / 竣工：2014 年 /2021 年

项目总建设用地面积约 4 公顷。项目为连体式建筑群，内含市博物馆、图书馆、档案馆三馆及配套服务设施。

结合拟建物的特点，采用以人工探井及钻探取样、原位测试为主，辅以室内试验、现场载荷试验、波速测试等多种手段综合评价的方法进行勘察。场地地质条件较好，各建筑物均采用天然地基，验槽期间开挖揭露岩性与地勘报告一致，所提地基方案经济可行。

保利中央公园勘察项目

建设地点：河北省张家口市
建筑面积：332 315 平方米
勘察／竣工：2018 年／在建

　　拟建场地呈"7"字形，东西向约 400 米，南北向约 570 米，规划总用地面积约 157 亩，整个拟建小区包括 21 栋高层住宅楼、2 栋配套用房、1 处幼儿园、1 处热力交换站、门卫及地下车库。
　　拟建场地处于清水河冲洪积扇地貌单元，场地上部为黄土状粉土及圆砾夹层，中部为细砂，下部为稳定的清水河冲洪积卵石层。高层建筑勘察建议选用天然地基，局部采用毛石混凝土换填，多层建物采用灰土换填处理。基坑开挖深度在地表以下 7.14~8.46 米，基坑工程安全等级为二级，勘察期间采用理正勘察三维地质软件进行建模，分析基坑侧壁岩性状态与分布情况，模拟基坑开挖。经后期实地验槽验证，模拟基坑岩性与实际分布情况一致，为基坑支护设计提供了准确的地质数据，得到基坑支护设计单位、施工单位及建设单位的高度赞扬。

晟佳·滨河公馆住宅小区项目

建设地点：河北省张家口市
建筑面积：194 691 平方米
勘察／竣工：2014 年／2017 年
获奖情况：河北省优秀工程勘察设计奖一等奖

　　本项目地处张家口市经开区，地理位置优越，交通便利。场地呈梯形，总用地面积约 90 亩。小区包括 10 栋高层住宅楼、6 栋多层商业楼、1 栋会所及地下车库，总建筑面积约 194 691 平方米。
　　在勘察阶段采用了较多的勘察手段，一是对于卵石层中的粉土夹层进行了重点勘探，这为后期提出高层建筑采用天然地基的方案提供了基础，二是在对处于基坑侧壁的土样进行了不同应力状态下的剪切试验，结合我单位参与研发的张家口市地区非饱和黄土软件，提出了较一般商业软件（如理正深基坑软件）更加符合张家口地区实际情况的放坡角度。仅以上述两点，不仅节约了工期，还节省了投资，在最终的竣工验收时受到建设单位的高度赞扬和认可。

泥河湾遗址博物馆

建设地点：河北省张家口市
建筑面积：7 354 平方米
勘察 / 竣工：2022 年 / 在建

本项目位于泥河湾考古遗址公园东南方向，阳原县东谷坨村西侧，距县城 60 千米。基地西侧距游客服务中心 1.1 千米、东临泥河湾研究中心。地形沟壑纵横，岩石裸露，植物稀少，层层叠叠的地层十分醒目壮观。连绵起伏、大小各异的台地贯穿了整个泥河湾盆地，地貌特征十分鲜明。

该区域属湿陷性场地，建筑依地势而建，其基础埋深从 -2.5 米至 -8.9 米，分为 6 个台阶。为准确查明地基湿陷性，由人工挖掘约为 0.8 米 ×0.5 米的探井，对场地地层进行详细准确的分层，并以人工刻槽的方式取得 I 级原状土样，保证了数据的真实性。结合基础埋深，经计算确定，将场地分为 5 个湿陷性区域，根据各区域的湿陷性等级有针对性地提出相应地基处理方案，既解决了复杂的特殊性岩土问题，又节省了项目投资，并且便于现场施工，得到了各参建方一致好评。

夯扩挤密干硬性混凝土桩工法的应用

本该工法的应用研究在 2009 年获得河北省科技进步一等奖。

对于张家口市山区地层而言，拟建物的受力层多为新近堆积土夹杂冲洪积角砾、碎石层或透镜体，地基持力层既不均匀又具有湿陷性，对于高层建筑其天然地基的承载能力一般也不能满足设计要求，所以，当在这类场地进行工程建设时，大部分需要进行复合地基处理，以提高地基土承载力，消除湿陷性，调整地基土的不均匀性。常规工法在处理土混角砾地层时，由于设备穿透能力有限，往往导致工法失败，有时虽然克服了很大困难能够成孔，但工效极慢，不能满足建设工期的要求，成桩挤密效果也一般，不能达到有效调节地基土不均匀性的目的；夯扩挤密干硬性混凝土桩工法不仅极大地提高了土混角砾地层的穿透能力，同时由于其成桩过程中的二次挤密作用可极大地改善桩身摩阻，有效地调节桩间土的不均匀性并消除湿陷性，起到事半功倍的处理效果。

目前应用该工法成功处理了我市多个复杂地层条件下的地基处理项目，取得了良好的经济效益和社会效益。

张家口市美居·丽景园夯扩挤密干硬性混凝土桩复合地基项目

本项目使用柱锤冲击成孔，孔内分层回填夯实干性混凝土成桩，还可在桩底形成具有很高承载能力的扩大头。通过两次挤密，可以大幅度提高地基土的承载力及压缩模量。

宣化世纪王朝大酒店夯扩挤密干硬性混凝土桩复合地基项目

该工程位于宣化区中山大街路北，主楼地上 12 次，地下 3 层；地基土为 Q_4^2~Q_4^1 黄土，地基处理采用了夯扩挤密干硬性混凝土桩施工工艺，同时解决了地基土承载力不足、需消除湿陷性、主楼群楼地基承载力要求差异较大等问题，取得了良好的经济效益和社会效益。

张家口市金鹰住宅小区夯扩挤密干硬性混凝土桩项目

该工程共包括 22 个建筑物，其中 8 栋高层住宅楼均采用了夯扩挤密干硬性混凝土桩施工工艺，使用 3.5 吨柱锤冲击成孔，孔内分层回填干硬性混凝土夯实成桩，通过柱锤的夯扩挤密作用，可以大幅度提高桩间土的承载力及变形模量，并有效消除湿陷性。使用该工艺取得了良好的经济效益和社会效益。

宣化伯居田园项目 CFG 桩 + 高压旋喷桩复合地基项目

在宣化区首次引入长螺旋 CFG 桩 + 高压旋喷桩工艺对 28 层高层建筑的软土地基进行了有效复合处理，取得了良好的经济效益。

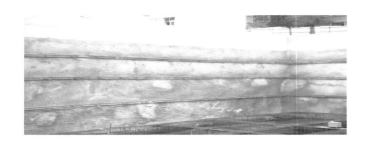

基坑支护

　　随着我市建筑规模的逐渐扩大，深基坑工程开始出现并逐渐增多。张家口建国医院门诊楼基坑深度 18 米，采用了桩锚支护结构，是我市首个桩锚支护的深基坑工程。

边坡支护

　　张家口市区属浅山区地形地貌，拟建场地高差起伏较大，随着工程规模的增大，挡墙支护项目也增多了。

完成的科研课题

　　2009 年，"夯扩挤密干硬性混凝土桩工法在复合地基处理中的应用研究"获河北省科技进步二等奖，担任课题负责人，成果登记号 CG09085，证书号 2009085，第一完成人。

　　2011 年，"区域非饱和土抗剪强度特性及快速评价方法研究研究"获河北省科技进步一等奖，成果登记号 CG10117，证书号 2011–102–09，第九完成人。

　　2013 年，"张家口地区非饱和黄土抗剪强度研究"获河北省科技进步一等奖，担任课题负责人，成果登记号 CG13007，证书号 2013–118–01，第一完成人。

获奖情况

　　2011 年张家口市宏景嘉苑小区工程勘察获河北省建设工程勘察设计三等奖。

　　2019 年晟佳·滨河公馆住宅小区获河北省建设工程勘察设计一等奖。

　　2016 年张家口市金鹰花园住宅小区三期获河北省建设工程勘察设计二等奖。

　　2022 年下花园杨树沟棚改安置房项目工程获河北省建设工程勘察设计二等奖。

　　2022 年尊品御景苑小区获河北省建设工程勘察设计二等奖。

孙立川

1968 年生，河北省元氏县人。1991 年毕业于同济大学地下建筑与工程系水文地质与工程地质专业。注册岩土工程师、国家一级注册建造师，研究员级高级工程师，河北中核岩土工程有限责任公司副总经理兼总工程师。从事核电及核军工相关的岩土工程设计、勘察、施工工作。主持大型核电岩土工程勘察数十项，涉核高边坡支护设计和施工、核电及民用基坑支护设计十多项；发表论文十余篇。工作和研究领域还涉及油气管线、风电、核环保、核废料处置场等多个行业或方向。现任中国核工业勘察设计协会核工业结构专业委员会常务委员、中国核工业勘察设计协会核设施厂址安全专业委员会常务委员。

主持工程设计、标准编制情况及荣誉

1. 主持或负责的部分大型工程

山东海阳核电一期工程详勘；辽宁红沿河核电 1、2 号机组岩土工程详勘；山东海阳核电一期工程详勘补充勘察；山东海阳核电二期工程详勘；江苏田湾核电 5、6 号机组详勘；江苏田湾核电正挖边坡详勘。

2. 部分获奖情况

山东海阳核电厂一期工程岩土工程勘察获中国勘察设计协会 2021 年度行业优秀勘察设计奖工程勘察一等奖（排名第一）；

田湾核电站三、四期工程（正挖边坡）人工边坡勘察获河北省工程勘察设计项目一等奖（排名第一），2020；

辽宁红沿河核电站 1、2 号机组主厂区岩土工程勘察获中国勘察设计协会 2019 年度行业优秀勘察设计奖工程勘察与岩土工程三等奖（排名第二），2020；

核电工程岩体力学特性评价方法及爆破施工安全监控关键技术获湖北省科技进步一等奖（排名第四），2007。

3. 主编 / 参编规范

主编核工业勘察设计协会团体标准《核电厂软岩厂址岩土工程勘察规范》，2022 年；参编河北省工程建设地方标准《岩溶区岩土工程技术标准》，2021 年；参编河北省工程建设地方标准《河北省建筑地基承载力技术规程》，2021年。

单位评价

该同志工作以来主要从事核电、核军工相关的岩土工程勘察设计与施工工作，具有扎实的专业知识和精湛的技术水平，大型工程经验丰富，具有成体系解决核电建设有关复杂关键技术问题的水平和能力，主持负责或指导多个核电项目从选址阶段、可行性研究阶段到详细勘察阶段的水文地质、工程地质、地震地质以及相关的岩土工程设计、施工工作，为核电建设的发展做出了积极的贡献。该同志基础理论扎实，善于研究，主持多项工程和科研项目，主编了《核电厂软岩厂址岩土工程勘察规范》，参编多项地方规范和行业标准。在担任总工程师期间，积极实施技术创新，组织申报并获得多项专利；主持申报并获得省高新技术企业、市企业技术中心等多项荣誉称号；牵头多项科研项目并实施科技成果转化；参加多个省、市、地方的项目咨询和评审，积极扩大公司影响力。

漫漫卅载岩土路，献身核电"工匠"人

一、懵懵懂懂进入工程地质专业

作为一个农村娃，当年高考后报志愿时，我毫不犹豫选择了大连海运学院（现大连海事大学）作为第一志愿，只因为在这个学校读书可以不用家里花钱出学费，甚至衣服也不用自己准备，学校发制服。可是我在河北正定中学管收发录取通知书的老师处却拿到了同济大学的录取通知书。我傻乎乎地问这个老师（是个归国华侨，但没教过我的课，所以不知道老师的名字），搞错了吧？我报的是大连海运学院。那个老师说，你别傻了，这个学校比你报考的学校好多了。就这样，我懵懵懂懂地走进了大土木的行列。后来我才从其他同学处得知，当年河北正定中学负责招生录取的万老师见我的学校报低了（当年高考报志愿，是在不知道分数的情况下，估分填报志愿，大概和开盲盒差不多），当时没有手机、电话，无法联系，又看我是农村娃，就做主给我改了志愿。我非常感激万老师，只是他没有教过我，我不认识他。这样的事放在现在是匪夷所思的。

大学四年，白驹过隙，倏忽而过。我回到了石家庄，在核工业第四勘察院开始了我的职业生涯。

二、毕业遇上改革开放

1991 年参加工作后不久，我就赶上了邓小平同志发表了南方谈话，伟大的改革开放进入了新的阶段，巨龙开始腾飞。但在石家庄，春风是慢慢浸润到来的，我并未明显感觉到大潮浪起的涛声。

我参加工作后承担的第一个完整的项目是青园街小区碎石桩地基处理工程。我们的设备进场后，在试桩过程中遇到了沉管难以进尺的问题。在讨论中，我的师傅武景林工程师（现已离职创业）、王靖工程师（目前就职于中核咨询公司）和主任工程师李爱民（老先生已经作古）提出，这样难以进尺的地层的容许承载力不可能

低于 100 kPa，而拟建的小区住宅楼只有六层，设计院提出的承载力要求只有 120 kPa，估计天然地基承载力应该能够满足设计要求。在取得甲方和设计院的支持后，我们开始了青园街小区的补充勘察工作。在李爱民主任工程师和岩土队经理冯跃奎的大力支持下，我开始了我的职业生涯中第一个作为工程负责人的勘察项目。根据石家庄的地层特点，我们布置了大量的探井并采取了大量的土试样。经过试验数据分析，并结合载荷试验结果研判，持力层的容许地基承载力完全达到了 120 kPa 的要求，设计院也对条形基础进行了稍许放大。这样就取消了原设计的碎石桩地基处理，节约了数百万元的地基处理费用，更节约了五个月以上的工期，受到了甲方的好评。此外，通过本次勘察，结合我单位承担的河北省电力调度大楼的勘察，确定了石家庄市区浅地表正常沉积地层的容许承载力一般都在 100~120 kPa 左右，为改革开放后石家庄市区建设大发展也贡献了一份力量。

初战告捷，我心里有些许的"小骄傲"，以至于每每经过青园街小区，心中还能升起自豪感。

工作后第二个印象深刻的项目是长安区某商务大厦基坑支护。拟建的商务楼西面和北面紧邻一座三层办公楼，东面和南面没有建筑物。已有的三层办公楼是有些年头的砖混结构小楼，基础埋深很浅，估计也没有地基处理。拟建的商务楼基坑深度约 6 米，新旧楼基础的间距只有 30 厘米。为了确保已有三层办公楼的安全，必须进行支护。查勘现场回来后，我琢磨了两天，向冯跃奎经理和李爱民主任工程师提出了小桩加固的支护方案，采用 270 毫米的无缝钢管加工钻头，使用 XY-30 工程地质钻机施工，插入三根钢筋制作的钢筋笼，浇筑混凝土成桩，桩间距 60 厘米，坡面及坡顶直到旧楼墙体均使用混凝土人工抹面，厚度约 10 厘米。当时没有计算软件，都是手工计算。我还向甲方提出对没有建筑物的东面、南面也进行支护，桩间距放大到 90 厘米，但未得到同意。加固方案经设计院审查同意后开始实施。在基坑开挖完毕、人工抹面也完成后的次日，石家庄即遭受了 1996 年的特大暴雨。雨后我去了工地现场，基坑的西面、北面边坡安然无恙，

紧邻的三层小楼也稳如泰山。而没有支护的南面和东面基坑边坡全部坍塌，好在没有建筑物，才没有造成更大损失。令人后怕的是，在南面边坡坍塌后暴露出一个直径约60厘米的钢制自来水管，好在没有受损，也没有跑水，否则后果不堪设想。同行的设计院的同志心有余悸地说，幸亏对基坑西面和北面进行了支护。

随着改革开放的深入，石家庄迎来了大发展，也迎来了工程建设的黄金期，各类投资风生水起。石家庄市教育行业崛起了43中（石家庄外国语学校）。43中新建教学综合楼（8层），基础埋深2米。根据勘察报告，基础底面位于黄土状粉质黏土层，下部地层分别为黄土状粉土以及粉细砂、中粗砂。建筑物的基底压力设计值为280 kPa，原地基基础设计方案为人工挖孔灌注桩，估算造价逾百万元。如采用造价较节省的素混凝土桩复合地基方案，选择第3层细砂作为持力层，根据石家庄地区经验和本场地的工程地质条件，复合地基承载力难以满足设计要求。在查看了现场后，结合拟建建筑物的结构设计方案，我提出了素混凝土短桩复合地基加后注浆方案，这是一个技术上相对超前的地基处理方案。素混凝土短桩采用人工洛阳铲成孔、振捣混凝土成桩。桩直径40厘米，正方形布桩，桩间距1.2米，桩端进入砂层不少于0.4米，桩长4.0~4.5米不等。浇筑混凝土前在孔内放入镀锌钢管作为注浆管用，钢管下端绑上塑料布封口，为防止混凝土浆液堵塞导致注浆管失效，每个桩孔放置两套钢管以备万一。

为了检验加固效果，我们进行了单桩复合地基载荷试验检测。根据单桩复合地基载荷试验的p-s曲线，若按相对变形值确定，三根单桩复合地基的承载力特征值分别为490 kPa、500 kPa和550 kPa。若按p-s曲线的比例界限判定，三根单桩复合地基的承载力特征值均不小于350 kPa。由于单桩复合地基载荷试验未达到破坏，因此，根据载荷试验结果可以保守地判定复合地基承载力的特征值为350 kPa，远大于设计要求的280 kPa，达到了地基处理目的。该工程的施工工期仅12天（不含检测时间），仅地基处理费用节约造价80余万元（因处理后

承载力特征值较高，设计院修改了原基础设计方案，结构上也节约了大笔费用），取得了良好的社会经济效益。在领导的鼓励下我还将该工程方案整理成了论文发表。

三、核电迎来大发展

1997年开始，我国的核电迎来了大发展，陆续有江苏田湾核电、浙江秦山核电二期和三期、浙江三门核电、广东大亚湾核电和岭澳核电开工建设。

在参加工作11年后的2002年，我有幸参加了浙江三门核电的前期工作。在三门核电前期工作中，工程量最大的是滩涂软土的塑料排水板地基处理工作。在地基处理施工期间承担的、对我来说具有纪念意义的勘察项目是三门核电高边坡的勘察。这项勘察工作是我承担的第一个较大的核电勘察工程，也是我承担的第一个岩质边坡勘察工程。勘察期间我邀请我的岩石力学课老师、同济大学沈明荣教授和我的大学室友石振明教授到现场指导勘察工作。他们开车从上海到浙江三门核电现场，查看了岩芯，调研了节理裂隙露头，提出了很多宝贵意见。同济大学的陈建峰教授还帮我进行了边坡稳定的有限元计算（那时我单位还没有边坡计算软件）。他们做这些工作都是无偿的，真心感谢他们在我成长路上的无私帮助。

三门核电塑料排水板地基处理工程量大、历时也较长，期间进行了大量沉降观测和检测试验工作，根据这些资料，我完成了我的工程硕士毕业论文。我是在2001年经考试被录取为同济大学土木工程学院工程硕士的，师从国内地基处理方面的权威叶观宝老师，我是他带的第一个工程硕士。他治学严谨，学术精良，既是严师，更是益友。在他的悉心指导下，我结合我正在实施的三门核电地基处理项目，顺利完成了硕士毕业论文盲审、答辩，获得同济大学土木工程专业工程硕士学位。

2005年，根据工作需要，我被调到了我公司辽宁核电项目部，参加了红沿河核电的建设工作。

初到红沿河核电时，甲方是中电投（现国家电力投资集团的前身）辽宁核电有限公司。彼时，红沿河核电厂址还是一片原生态景观，不时能见到野生动物出没。

正是在这里我经历了在三门核电的"小孙"到红沿河核电的"老孙"的"蜕变"。原中国核工业集团三门核电公司都是由"老同志"组成的，我的年龄较小，总是被称为小孙。而到了辽宁红沿河核电后，我发现业主单位除了大领导外，包括中层领导在内，都是年龄比我小一些的年轻人，于是，自然而然地我就被"尊称"为老孙。在第一次开会时被称为老孙后，我郁闷了半个月，现在回想起来还觉得颇为搞笑。

大连红沿河核电的业主单位经历了从中电投到中电投和中广核（中国广核集团有限公司）合资的变化。我公司从服务中电投辽宁核电有限公司也顺势转为了服务于新成立的合资公司辽宁核电有限公司。由于业主公司的变化，我们任务的来源也有了变化。面对新的业主，我经历了自我推介、积极配合做好服务、竞争性合同谈判，到实施勘察等全过程的历练。红沿河核电一期工程详勘是我全过程参与的第一个大型核电勘察，我也完成了从技术到经营管理、生产管理的自我蜕变。

我积极配合新来的业主公司熟悉地质情况，就我们已经完成、正在开展的勘察工作事无巨细进行汇报。期间因为对地质情况的熟悉，一度使我成为业主单位的"编外顾问"。我配合业主几乎参加了红沿河核电的所有土建前期工作会议（包括总平面布置审查会、核安全中心审查会等），帮助业主解决了不少实际问题。例如，红沿河厂址缺乏足够的淡水供建设期间使用，引复州河水库的水也因造价高、特别是周期长而难以马上解决。我结合自己掌握的地质资料，在会上给业主公司胡文泉总经理建议可以在东岗镇（现红沿河镇）附近的断裂带找水。后业主听从了我的建议，从根本上解决了建设期间和核电运行期间生产、生活所需淡水供应问题。

由于我们积极配合工作，受到了业主的好评。作为中广核走出广东省后开展的第一个核电项目，业主没有进行招标，而是直接开展了竞争性谈判，我公司作为主要潜在合作单位参与了红沿河核电一期工程详勘的合同谈判工作，并顺利取得了合同。我公司先后承担了红沿河核电一期工程详勘、BOP 勘察、取排水口勘察、专家村勘察、建筑材料勘察等一系列勘察任务，并且还承担了辽宁核电公司其他核电厂址如江石底厂址勘察、庄河核电厂址勘察等核电厂选址勘察任务。

详勘工作开始的时间正值大连的冬季。东北地区凛冽的寒风给了我们这些关内来的岩土人一个下马威。在经历了极寒天气、试验困难、卡钻、钻孔弹模掉孔的一系列考验后，我们按时完成了红沿河核电一期工程详勘工作。详勘期间，根据钻探、试验资料数据，及时给业主汇报，将一期核岛位置移动了 100 多米，避开了片麻岩富集区，帮助业主顺利通过了核安全中心的审查。后来红沿河核电一期工程详勘（与红沿河核电初可研勘察一起）获得了中国勘察设计协会 2019 年度行业优秀勘察设计奖优秀工程勘察与岩土工程三等奖。

2007 年起，核电迎来了大发展，位于山东半岛的海阳核电也开始建设，业主单位为中电投（现国家电力投资集团的前身）山东核电有限公司。因为在红沿河核电良好的口碑、卓越的技术和服务，我公司顺理成章地参与了海阳核电的勘察招标工作，并顺利中标。

如果说红沿河核电勘察是我参加的第一个完整的详勘工作的话，海阳核电则是我完成的第一个从初勘到详勘、从 M310 堆型到西屋公司 AP1000 堆型、从完成任务到开展仔细研究的核电厂址。

海阳核电最早开展勘察的堆型为 M310，后根据国家统一规划，与三门核电一期工程一起作为引进、消化、吸收第三代核电技术（美国西屋公司 AP1000 堆型）的依托厂址进行勘察、设计、建造。勘察期间，我经历了英文版任务书、西屋—绍尔联队现场项目部的设计要求与国内规范不一致甚至矛盾等一系列困难，最终作为国内第一个完成勘察工作的 AP1000 堆型，受到了西屋—绍尔联队现场项目部以及业主公司、上海核工程设计院的一致好评。在勘察期间，我结合自己的思考，阅读了包括海阳核电厂址地震地质资料、海域勘察资料、前期勘察资料、区域地质资料等大量文献，顺利回答了核安全中心的一系列有关地质的问题，帮助业主和设计院顺利通过了评审。

在海阳核电工作期间的两件事令我至今记忆犹新。业主开展场地平整及正挖施工期间，一处坡体发生了滑塌（楔形体破坏），我们接到业主公司设计处的电话后，及时开展了调查工作，量测了发生楔形体破坏的边长、高度、角度等资料；在计算机上重建了破坏模型，使用蒙特卡洛方法研究了楔形体破坏的概率，反算了结构面的抗剪强度指标；结合室内试验，在勘察报告中提供了结构面的抗剪强度。评审专家认为这一点是详勘报告最大的亮点。后来我将此写成了论文发表在《岩石力学与工程学报》上。

另一件事是与海阳核电二期的勘察有关。由于我们出色的服务和解决问题的能力，特别是和核安全中心打交道的能力，我们顺利通过招标拿到了海阳核电二期的勘察合同，期间有其他勘察单位的领导找到业主公司领导说，无论河北中核岩土公司多少钱中标，我都比他们低100万，能否给我们做。业主公司领导直接给他们说，中核岩土公司能帮助我们顺利通过核安全中心的监管和审查，我可不敢让你们做试验。

海阳核电一期工程2台机组分别于2018年10月、2019年1月投运，装机规模250万千瓦。作为我国第一个建造在沉积岩厂址上的核电机组，海阳核电一期工程勘察获得了河北省工程勘察设计项目一等奖（2019年度）、全国优秀工程勘察设计行业奖工程勘察一等奖（2021年度）。

结束语

从到核工业第四勘察院参加工作起，直到2002年勘察院整体改制为河北中核岩土工程有限责任公司，再到现在，我也从"青葱少年"变成了"油腻大叔"；从不认识岩石样品到对大型核电项目勘察驾轻就熟；从仅仅完成任务逐渐过渡到深入思考、研究；从央企到改制为混合所有制企业，沧海桑田，我从未离开过中核岩土公司。

感谢原核工业第四勘察院的一大批领导和同事，他们是我成长路上的贵人。感谢我的家人、特别是我的妻子给我的包容和理解，使我在长期出差的时候能够心无旁骛、专心致力于工作。感谢河北中核岩土工程有限责任公司历任领导对我的帮助和信任，是他们成就了今天的我，能与他们一起共事是我的幸福！我会永远铭记。

山东海阳核电厂一期工程岩土工程勘察

建设地点：山东省海阳市

竣工时间：2018 年

项目规模：2 台 125 万千瓦 AP1000 核电机组

获奖情况：2019 年度河北省工程勘察设计项目一等奖、2021 年度中国勘察设计协会行业优秀勘察设计奖工程勘察一等奖

山东海阳核电采用第三代核电 AP1000 技术，属于国家重点发展的依托建设项目。一期工程建设 2 台 125 万千瓦机组，总投资 400 亿元。AP1000 采用非能动安全系统，大幅度提高核电站的安全性和经济性。预计一期工程年发电量 204 亿千瓦时，节约标煤 847 万吨，减排烟尘 815 吨，减排二氧化硫 0.41 万吨，减排氮氧化物 0.39 万吨，减排二氧化碳 1 713.5 万吨。

作为最早开始勘察的三代核电项目，该项目承担着与外商规范、标准融合任务。

田湾核电站三、四期工程（正挖边坡）人工边坡勘察

建设地点：江苏省连云港市
竣工时间：2009 年
获奖情况：2020 年度河北省工程勘察设计项目一等奖

　　田湾核电站三、四期工程 (5 ～ 8 号机组) 位于田湾核电站一、二期工程西侧，规划建设 4 台百万千瓦级压水堆核电机组。厂坪开挖后，将在西侧和北侧形成核安全相关人工边坡。人工边坡总长度约 1 100 米，北边坡最大坡高约 108 米，西边坡最大坡高 96 米；北边坡为与核安全相关的高边坡。

　　边坡坡脚距离 5~8 号反应堆厂房最近处不足百米，并且地质条件复杂、破坏形式复杂多样。大部分地段岩体为中等风化或微风化状态，岩性主要为二长浅粒岩，粒状变晶结构，岩体完整程度属较完整 ~ 完整。特殊地质体及其围岩地段和边坡边缘地段，岩体为强风化 ~ 中等风化，节理裂隙发育，岩体完整程度属破碎 ~ 较破碎，特殊地质体为强风化土状或块状。岩体强度差异很大，地质条件非常复杂，给钻探、试验、评价增加了很大的难度。

辽宁红沿河核电站1、2号机组主厂区岩土工程勘察

建设地点：辽宁省大连市
竣工时间：2013 年
项目规模：6 台 1 500 兆瓦压水堆机组
获奖情况：2019 年度河北省工程勘察设计项目三等奖、2019 年度中国勘察设计协会行业优秀勘察设计奖工程勘察与岩土工程三等奖

辽宁红沿河核电站位于辽宁省大连市瓦房店市红沿河镇，是国家"十一五"期间首个批准建设的核电项目，是中国首次一次同意 4 台百万千瓦级核电机组标准化、规模化建设的核电项目（采用中国广东核电集团经过渐进式改进和自主创新形成的中国改进型压水堆核电技术路线——CPR1000），是东北地区投资最大的能源投资项目和第一座核电站，对优化辽宁及东北电网电源结构，促进东北老工业基地振兴，推动国家核电自主化进程，促进我国装备制造企业成长和发展均具有积极意义。

巴基斯坦卡拉奇 K2/K3 核电项目勘察

建设地点：巴基斯坦卡拉奇市
竣工时间：2022 年
项目规模：2 台华龙一号核电机组

巴基斯坦卡拉奇 K2/K3 核电项目厂址位于巴基斯坦卡拉奇市（Karachi）西部，靠近阿拉伯海北岸的卡拉奇天堂点附近，距卡拉奇市市中心 24.8 千米。

华龙一号是由中国核工业集团与中国广核集团在我国 30 余年核电科研、设计、制造、建设和运行经验的基础上，根据福岛核电事故经验反馈以及我国和全球最新安全要求，研发而成的先进百万千瓦级压水堆核电技术。卡拉奇 K2/K3 核电项目已建成 2 台华龙一号机组，该项目为华龙一号出口海外的首个工程。卡拉奇 K2/K3 核电项目是巴基斯坦规模最大的核电站，也是巴首个单机组百万千瓦级电力工程。卡拉奇核电项目总金额为 96 亿美元，发电能力为 220 万千瓦。

我公司于 2012 年 3 月起，陆续完成了巴基斯坦卡拉奇 K2/K3 核电项目的可研阶段勘察、详勘、中国村勘察、BOP 子项勘察以及核岛基坑负挖编录、基坑监测、现场技术服务等工作。

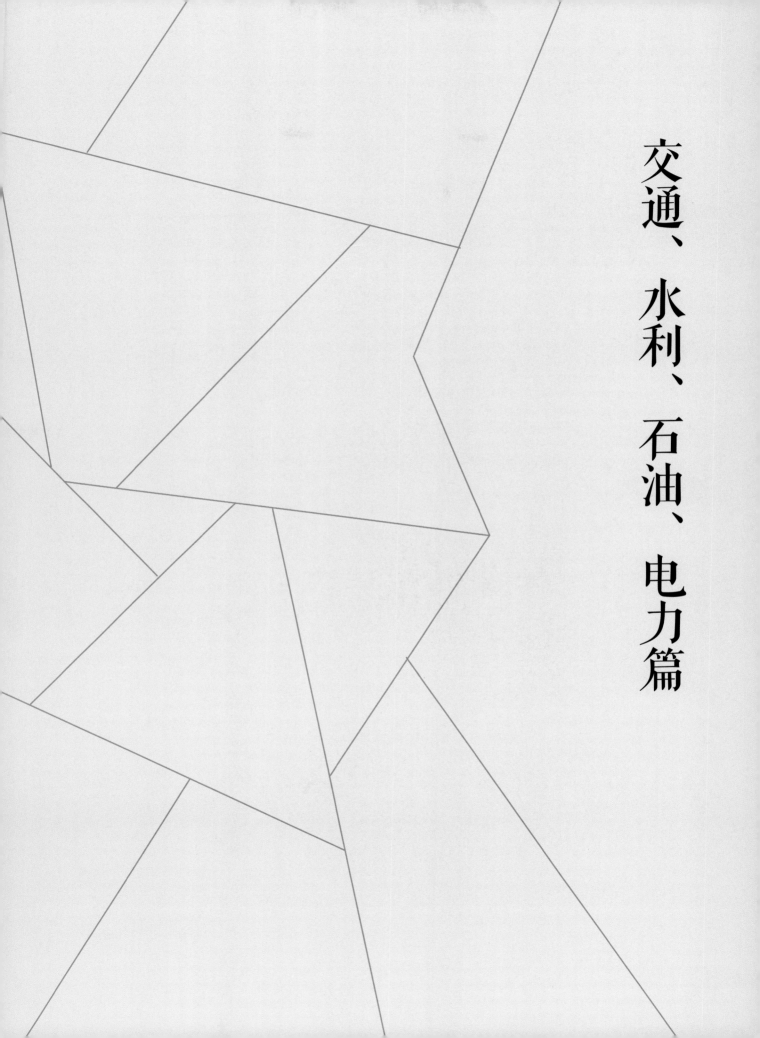

交通、水利、石油、电力篇

耿运生

耿运生，男，汉族，1973年生，河北省东光县人。中共党员，正高级工程师。全国一级注册结构工程师，注册土木工程师（水利水电工程），河北省工程勘察设计行业领军人才。1994年河海大学水利水电工程建筑专业毕业，获学士学位；2005年中国水利水电科学研究院水力学及河流动力学专业毕业，获工学硕士学位。

社会任职

中国水利学会水工结构专业委员会副主任委员，中国水利学会生态水利工程学专业委员会委员，中国大坝工程学会水工混凝土建筑物检测与修补加固专业委员会委员，水利部水旱灾害防御技术专家，《河北水利》副总编。

学术著作

工作以来，发表论文20余篇，出版专著3部，编写水利行业标准2项、地方标准8项、团体标准3项，取得专利7项。

主持工作及成果奖励

参加工作29年来，一直从事水利水电工程的设计和科研工作，主持和参与工程设计百余项，代表性工程有南水北调中线总干渠工程（邯邢段）、南水北调中线配套工程、引黄入冀补淀工程、雄安新区大树刘泵站、华北地区地下水超采综合治理工程、水系连通和水美乡村建设鹿泉区试点工程、石河水库除险加固工程、河道防洪和生态修复工程等。工作中，针对工程建设中的关键技术问题进行深入研究，提出解决思路和方法。在南水北调工程中，解决了大型薄壁混凝土渡槽结构温度应力及施工期温控难题，提出了湿陷性黄土、膨胀土等特殊土的处理方法。在南水北调配套长距离管道输水工程中，在水锤防护、功能性试验、带压补强抢修、智能化管理等方面取得一系列成果，形成了技术标准。在水工水力学领域，对台阶消能、异型鼻坎、窄缝等综合消能工进行了深入研究，取得多项成果。在生态水利学领域，将水生态与水工程完美融合，提出了季节性河流生态水量和生态水利工程的设计方法。

多项科研和设计成果获得奖励，获河北省科学技术进步奖2项，全国水利水电优秀工程勘测设计银质奖4项，全国优秀工程咨询奖1项，河北省优秀工程勘察设计奖20余项。

获得荣誉

获得"十三五"期间推进河北省勘察设计行业高质量发展突出贡献个人奖、水利部办公厅和中国农林气象工会颁发的"人水和谐美丽京津冀"创新示范引领劳动竞赛优胜奖等荣誉，多次获得省直工会经济技术创新积极分子称号。获三等功一次。

单位评价

耿运生同志理论基础扎实，工程经验丰富，勇于创新，完成了大量设计和科研工作，主持的工程发挥了显著的经济效益、社会效益和环境效益。科研工作中提出多项新见解新思路，在工程中得到推广应用，推进了行业科技进步。

引水随势，求真创新

1973 年，我出生于河北省东光县东南部的一个村庄，村子东边几百米有一条排沥河道——江沟河，再往东是漳卫新河，村子南边几百米有一条叫不上名字的河沟与江沟河连通。我家房子南边 20 米就是村里的池塘。小时候，池塘有水，河里的水长流。我的童年时代没有离开过水，几岁时就下塘洗澡、摸鱼，再长大些，就跑到河里去游泳。那时候去游泳往往是背着家长和老师的，当老师在我们的黑黑的肚皮上划出一道白印时，就证明我们去偷偷游泳了，惩罚就是在太阳底下晒上几分钟。村东北的江沟河上有一座蓄水闸，算是我最早熟悉的水工建筑物了。但那时，我们只是把闸墩顶的检修桥作为玩水的跳台。我的家乡地势较低，那时候雨水也多，田间排沥沟道纵横，也常见一些排灌泵站和桥涵，上面常有"一定要根治海河"和"水利是农业的命脉"的内容。

一、初结水缘

1990 年，我参加了高考，当时不了解学校，也不了解专业，只知道要考上大学。报考志愿时我填写了重点大学批次的河海大学，专科批次填报了沧州水利专科学校（现河北水利电力学院）。我填报的水工专业是学校招生人数最多的专业，那时的农林水还是艰苦行业。

9 月初，我乘坐一夜的绿皮车，或站或蹲或席地而坐，熬过 15 个小时，终于到了南京。引领我们报到的师兄帮我们办理入学手续，那时候才知道我选的水力发电工程系水利水电工程建筑专业，就是学习建大坝、建水闸、建泵站。于是也就突然明白了，我将来可以建设我小时候玩的"水跳台"。

河海大学重视基础学科的教育，大一入学还不到一个月，就开始选拔物理先修班的学生，提前一个学期修习物理，年级新生中有约 30 人被选中，我也有幸入围。我们班的物理单独授课，教材也和其他同学不同。由于是先修，物理课中会用到高等数学的知识，也就使我们这个班的同学提前学习了高等数学。我们的实验课是单独教学，所以我们有更多的动手机会。这个物理先修班的学习，为我打下了工程专业的理论基础。

河海大学也培养了我严谨的学风和治学态度。记得在画法几何及工程制图课程上，一道题目是按照比例制图，可是我觉得按比例制图后放到图纸上，与图纸的大小不匹配，整个图面看起来不太和谐，于是就按照自己的看法修改了。这个就如同鲁迅在《藤野先生》中写的他改变了血管的位置一样，老师也如藤野先生一样，和蔼并认真地指出我的错误。

大二下学期的认识实习，对我们是必不可少的历练。通过认识实习，我更加理解了水利工程和水工建筑物。我们认识实习去的是新安江水电站，库区叫千岛湖，因山泉和美景而闻名。在新安江水电站，我第一次见到混凝土重力坝，见识了挑流消能工。我跟随带队老师钻进大坝的"肚子"里看"宽缝"（新安江水电站大坝采用了宽缝重力坝，可以降低扬压力，节省水泥，降低水化热）。通过认识实习，游览水库，我感受到了郭沫若所言"西子三千个，群山已失高。峰峦成岛屿，平地卷波涛"，同时也对主席诗词中的"高峡出平湖"有了愿景。新安江水电站是我国第一座"自己设计、自制设备、自行施工"的大型水电站，通过这次实习，我对自己所学的专业有了更深刻的认识，可以说就此坚定了从事水利的信心和兴趣，也为潘家铮等老一代水利人的求实、创新、担当精神所感动。

二、参加工作

1994 年，学校开始实行毕业双向选择，但是水利行业还是基本实行定向分配。我毕业后回到了河北，来到了现在的单位——河北省水利规划设计研究院有限公司（原为河北省水利水电石家庄勘测设计院，以下简称设计院）。

从此我开始了职业生涯。记得我入职后第一张图纸是设计室水工二组乔裕民组长安排的一个供水工程的阀门井施工图。其后，我又参与了更多的设计项目，完成了更多类型的水利工程的设计工作。在参加工作的前 5 年，我担任驻工地设计代表、施工监理、总承包现场管理。

通过设计和现场的历练，我的业务能力逐步提高，逐渐放开了手脚，不再如从前般小心翼翼。

职业起步阶段，我印象比较深的项目是阜平县大柳树水电站。这是一个引水式电站，此项目由于种种原因多次下马、复工，1999年复工建设，当时已完成了部分引水隧洞的施工。复工建设、取水建筑物和厂房都需要重新设计，发电厂房的设计任务分配给了我。只有5年工作经验的我一脸茫然，设计室施炳利副主任说，你认真干，室里给你把关。于是我放下包袱，独自完成了压力管道、厂房、尾水、变电站、管理房的设计工作。经过我的努力和设计室的把关，工程设计如期完成，工程建设圆满完工，目前电站还在发挥着能效。

我能放开手脚搞设计，甚至能完成不是我所学专业的设计任务（那个时代专业没有细分），这与当时设计院的工作环境和氛围有关。在此，我非常感谢设计院给了我开放宽容的设计环境，给了我接受正规训练的机会；感谢张明颖、张法思等老总工的耳提面命，感谢赵立敏、乔裕民、施炳利、郭绍艾、李聚兴等良师益友的提携帮助。

三、学习深造

设计院受当时业务范围的限制，工程项目类型少，工程规模小。设计工作做久了，我出现了一个念头，如何在技术上更上一层楼？能不能接触到像新安江水电站那样的大工程？入职之初，我读过朱伯芳院士的一篇文章，其中写道："白天好好工作，晚上好好学习。"于是我开始了这种工作学习模式。2002年，我考取了中国水利水电科学研究院（简称水科院）水力学及河流动力学的研究生，脱产学习三年。同时也受益于考研阶段的复习，我顺利通过了全国一级结构工程师的考试，取得执业资格。

水科院承担了多项全国重点水利工程的科研任务，我就读的水力学所在2002—2005年承担了瀑布沟水电站、向家坝水电站、官地水电站、光照水电站、小湾水电站、西龙池抽水蓄能电站、张河湾抽水蓄能电站等工程的整体水力学和专题水力学研究。我经常做模型试验的试验

厅还是原来的三峡厅（专门为三峡水力学模型试验修建的试验大厅），厅内还存在着三峡的部分模型。

在此期间，我有幸参与了多个项目的科研工作，在导师刘之平、孙双科的指导下，主持了光照水电站的泄洪洞水力学模型试验工作。在水科院，我几乎接触到了所有的水力学问题，包括挑流、底流、孔板、竖井旋流等各种消能方式，掌握了流场、掺气等水力学特性指标的量测和数据分析方法，对水力学问题有了更深刻的认识。我所在的研究室是枢纽水力学研究室，主要研究工程整体的水力学问题。由于有八年的设计工作经历，所以我在研究水力学问题的同时，也特别关注那些部级设计院的设计方案和设计图纸。科研工作进行到某个关键节点时，设计单位来交流沟通，根据试验结果进行下一步的改进和优化，借此机会，我也更加了解设计意图。水科院的学习经历，使我对水利枢纽工程的认识和理解上了一个台阶。之后我在水库工程设计中采用过迷宫堰、台阶消能、舌型鼻坎、跌井消能等技术方案，这些都得益于研究生阶段的学习和工作。

水科院每年招收的研究生比较少，我们入学那一年只招了十几个学生，没法单独开基础课，水科院给我们联系了去清华大学和北京大学上基础课，选修那两所学校的学分。第一年基础课，我们大多在清华大学上，少部分课程选了北京大学的。由于清华大学离水科院比较远，加之食堂的伙食费比较低，中午花两块钱就可以吃好，所以我基本整天在清华大学待着，有课就上课，没课就找个教室或者图书馆看书。清华大学的讲座特别多，每天都有名家大师的讲座，在那里，我听了好多讲座，见了好多知名教授和大家，也了解了好多前沿知识。

其中，我印象比较深、对我影响比较大的基础课，有计算流体力学、经典力学的数学解法、数学物理方程。这些课程都是用数学工具解决物理问题，同时也帮我建立了如何通过现象和数据建立数学模型的概念。这几门基础课的学习，对我以后的工作大有裨益。工作中，我计算过大体积混凝土的温度场和温度应力，把热传导扩散方程进行离散并求解，使用商业软件进行流体动力学

和结构静力学的计算，这些都得益于研究生阶段数学知识的补充。

四、投身水利

2005 年，我的研究生学习结束了。经过其后从事科研还是设计工作的思想斗争，最终我选择了继续从事设计工作，回到了石家庄，回到了原单位，只是工作内容由原来单纯的设计工作增加了技术管理。

那时候南水北调中线总干渠工程建设已经提上日程，我公司承担了南水北调中线总干渠邯郸邢台段的设计工作，单位的工作重心也开始向南水北调工程转移。南水北调是举世瞩目的跨流域调水工程，重要性和关注度非常高，我们和长江设计院、河南省水利勘测设计院、河北省水利水电勘测设计研究院等单位联合编制工程可行性研究报告。在项目所有承担单位中，我们公司的技术力量相对比较薄弱，设计初期有些压力。在时任主管南水北调的乔裕民、马述江副院长的领导和职工的团结协作下，我们刻苦攻关，解决了一个又一个难题，最终圆满地完成了任务。我从一个单体项目的专业负责人到后来担任邯邢段工程的副设总，个人能力随着工作的进行而不断提高。工程设计中我对大型薄壁混凝土结构的温度应力计算和温控措施、夯扩桩处理液化地基技术、建筑物水力学和流激振动问题、交叉建筑物与堤身的变形协调及渗控措施等进行了研究，提出了解决方案。南水北调中线总干渠于 2014 年 12 月 12 日正式通水运行，至今已安全运行近 9 年，期间经历过 2016 年、2021 年两次比较大的洪水，工程经受了考验。

南水北调中线工程之后，2012 年至 2016 年间，我负责了南水北调配套工程设计项目，以大型干渠保沧干渠和邢清干渠为主，我在大流量长距离输水管道工程的水锤防护、长距离输水管道整体水压试验、DIP 管道设计方法及工艺改进等方面做了一些工作，成果应用于工程建设，目前工程安全运行。

近几年，传统水利向生态水利转变，工作和科研重点也有一定程度的调整。河道治理类项目由原来的防洪为主转变为防洪生态并重。针对我省季节性河流的特点，我带领公司人员在季节性河流生态修复方面进行设计、研发和应用示范。在河流工程水文方面，进行考虑河道槽蓄作用下的设计洪水计算，在生态水量方面，提出分时段计算的思路。对于生态为主的建筑物，根据工程的使用条件、工程效果、工程失事后的后果等，确定工程的建筑物级别。以上这些思路，在工程实践中得到了推广和应用，部分成果形成了技术标准，为新时期治水思路的实现提供了技术支撑。

这一时期，我具有设计直接参与者、项目协调者、技术管理者等身份，除设计工作之外，还要进行科技研发工作，在设计活动中寻找科技创新点和方向用以指导后续工程建设，通过工程建设活动中的总结和难点问题的解决编制技术标准。这些综合性的技术工作，进一步提高、丰富了自己工作阅历。研究生毕业至今已 18 年，这 18 年的技术和管理工作，使我对水利有了更深的认识，对水利事业的感情越来越深厚。

五、工作感悟

首先，通过多年的设计工作，我觉得应该把工程设计看作是一件作品，甚至是一件艺术品，而不能仅仅是一个产品。在设计中，要融入设计者的智慧、思想和感情。

技术标准是工程经验的总结，是工程安全性和经济性的保障。设计过程中要执行技术标准，但是设计本身不应该是标准化、程式化的。设计过程中，应该根据工程实际情况，综合工程功能、性状和未来的发展趋势，在充分研究论证的基础上，突破标准并促进标准的完善。就如水利泰斗张光斗所说："总工程师是要破规范的"，"领导需要一句真话"，设计要有创新和求实精神。

设计中，要抓住本质问题，在解决问题的方法上要做到朴素简洁。为了解决一个实际问题，要寻找最合适的工具，甚至于创造一个新工具，同时要在完成任务之后继续寻找新的方法、探寻事物发展的规律。

南水北调配套工程保沧干渠

建设地点：河北省保定市、沧州市、廊坊市
设计/竣工时间：2012年/2015年
获奖情况：全国优秀水利水电工程勘测设计
银质奖

保沧干渠自南水北调中线总干渠取水，行经保定、沧州、廊坊三市，受水区为12个县（市）共15个供水目标。工程年输水量2.65亿立方米，最大供水流量9.9立方米/秒，受水区人口249.1万人。线路全长243.571千米，工程总投资51.71亿元。保沧干渠全线采用有压输水、地下埋管（涵）的形式，选用PCCP、DIP、SP等多种管材，管径DN2200~DN700。在河北省平原地区首次采用自由水面调压塔与空气阀联合水锤预防措施，解决了长距离大流量输水管道水锤问题。调压塔为高耸结构，地面以上20米，结合结构功能进行整体外形设计，成为配套工程的地标建筑物。

南水北调中线总干渠工程

建设地点：河北省邯郸市、邢台市
设计／竣工时间：2008—2010年／2014年
获奖情况：全国优秀水利水电工程勘测设计
银质奖

南水北调中线一期工程总干渠河北省邯邢段工程起点为漳河北岸，终点为邢台与石家庄市界。该渠段设计流量和加大流量分别为235立方米／秒和265立方米／秒。工程为Ⅰ等工程，主要建筑物为1级建筑物。工程概算总投资172亿元。

线路总长172.751千米，其中渠道长162.107千米。各类交叉建筑物256座，其中大型河渠交叉建筑物20座，左岸排水建筑物73座，渠渠交叉建筑物8座，控制建筑物40座，公路交叉建筑物109座，铁路交叉建筑物6座。

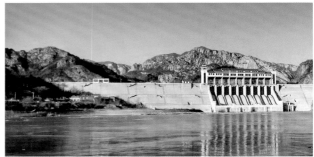

石河水库除险加固工程

建设地点：河北省秦皇岛市
设计 / 竣工时间：2011—2012 年 /2015 年

石河水库位于河北省秦皇岛市山海关西北约 6 千米的石河上，是一座以供水为主，兼顾防洪、发电等综合利用的中型水利枢纽工程。水库工程等别为 Ⅲ 等，主要建筑物为 3 级，设计洪水标准为 100 年一遇，校核洪水标准 1 000 年一遇。总库容 6 104 万立方米，设计洪水泄量 4 427 立方米 / 秒，校核洪水泄量 6521 立方米 / 秒。

大坝为重力坝，全长 365 米，分为溢流坝段和非溢流坝段。溢流坝长 90 米，非溢流坝段长 275 米，最大坝高 41.6 米。工程总投资 7 800 万元。

工程利用大体积堆石混凝土加固浆砌石重力坝，技术成果和设计方法纳入中国大坝工程学会团体标准《堆石混凝土坝典型结构图设计导则》。

鹿泉区水系连通及水美乡村综合整治（古运河）工程

建设地点：河北省石家庄市
设计 / 竣工时间：2020 年 /2022 年
获奖情况：水利部、财政部对试点实施效果
评估优秀

本项目为水利部、财政部联合开展全国第一批水系连通及水美乡村试点（2020 年）。

古运河位于石家庄鹿泉区东北部，起源于黄壁庄水库副坝下游，在小马村东南进入石家庄市新华区，汇入北泄洪渠。古运河全长 19.07 千米，鹿泉区境内长 18 千米，为季节性河流，除汛期外，河道常年处于干涸状态，河道缺乏生机，自然景观遭到破坏。

工程以改善农村人居环境为出发点，以构建水美乡村、景美民丰的河流为目标，统筹水系连通、河道清障、清淤疏浚、岸坡整治、水源涵养与水土保持、景观人文等多项措施，形成古运河郊野绿廊，带动沿岸乡村振兴，成为一条集"河畅、水清、岸绿、景美"于一体的美丽河流。

雄安新区白沟引河右堤防洪治理工程

建设地点：河北省雄安新区
设计 / 竣工时间：2018 年 /2022 年

白沟引河右堤是雄安新区环起步区生态防洪堤的重要组成部分，防洪标准为 200 年一遇。堤防起自南拒马河，终点为白洋淀，长度 13.2 千米，等级为 1 级，沿堤设置 2 座防洪闸。

工程加高堤防满足新区防洪要求，设置建筑物保证新区排涝和水系连通，交通工程建设满足新区五道贯通要求，堤身生态绿化实现生态，智慧管理系统建设提升管理水平。工程打造了一条安全生态的防洪线，营造了生态、灵动的滨水空间。

专业委员会主任、河北省工程勘察设计咨询协会常务理事。

个人荣誉

2007 年被评为"西气东输冀宁管道工程建设先进个人"称号；2011 年被评为"中共中国石油天然气管道局委员会 2011 年管道局优秀共产党员"称号；2011 年被中国石油天然气管道局授予"2010—2011 年度优秀科技工作者"称号；2013 年被中国石油天然气管道局授予"工程项目管理标兵"称号；2016 年被中国石油天然气管道局国际事业部评为"2015 年度国际市场开发先进个人"称号。

参与的 10 余项国内外重点工程获得省部级、集团公司级、局级奖励 11 项，作为设计总负责人参建的中缅油气管道工程，取得 10 余项创新成果，创造管道建设史上多项第一，中缅天然气管道（缅甸段）获建筑行业最高荣誉"鲁班奖"。作为管道局中东地区公司投标组负责人，带领团队完成 11 项工程投标，标的总额超 50 亿美元，中标首个沙特阿美项目，实现管道局沙特市场零的突破；作为喀麦隆成品油管道股权投资 +EPC 项目的项目经理，组织项目融资、股权合作谈判以及 EPC 前期工作，为管道局首个境外股权投资项目。

学术成果

先后在国内刊物上发表论文 7 篇，出版 5 本学术著作，主编行业标准 2 项及团体标准 1 项；先后主持或主要参与了"天然气管网工艺系统分析优化及特殊地段管道关键敷设技术研究""复杂大型荷载工况下大型悬索跨越设计技术研究""中缅天然气管道设计施工及重大安全关键技术研究与应用"等多项局级以及集团公司级重大课题研究，取得的成果成功在项目中推广应用，获得了显著的经济效益，推动了行业设计技术的进步。

单位评价

王学军同志扎根油气管道工程勘察设计、科研工作第一线 20 余年，主持并参与设计了中缅油气管道、西气东输二线等 10 余项国内外重点工程，在大型工程建设项目的勘察和设计方面有深入造诣，推动了行业设计质量安全升级管理，引领中国管道走向智能智慧时代，为我公司乃至油气管道行业的技术发展与进步做出了突出贡献。

王学军

王学军，正高级工程师，中共党员，现任中国石油天然气管道工程有限公司总经理、党委副书记。1997 年毕业于重庆建筑大学（现重庆大学）城市燃气工程专业，2005 年在中国石油大学（北京）研修石油与天然气工程专业。大学毕业后就职于中国石油天然气管道工程有限公司，先后担任工艺室副主任、主任，公司输气工艺总工程师，中缅油气管道工程（国内段）EPC 项目副经理，公司副总经理、总经理等。

社会任职

中国勘察设计协会理事、中国石油工程建设协会常务理事、中国石油学会理事、中国土木工程学会燃气分会常务理事兼气源

以脚丈量山河峻岭，用心绘就国脉蓝图

世界那么大，我想去看看。这可能是每一个年轻人的最初梦想。

1974 年，我出生在胶东腹地的一个群山环抱的小山村。小时候，我总盼着走出大山，去外面的世界看看。

我的父母都是勤劳本分的农民，为了给我和妹妹创造好的生活环境，他们种粮食、包果园，想尽一切办法赚钱养家。我和妹妹上山摘果、下水摸鱼，偶尔帮父母做做农活，童年的生活无忧无虑，充实而快乐。我的小学是在本村和邻村的小学就读的，初中则是在离家七里路的乡镇中学。学习不觉得累，只是这七里路的来回奔波有些辛苦。每天早上，天没亮我就要出发，晚自习后再摸黑回家，风雪无阻。冬天，雪下得大，就只能比平日更早起床，步行上学。我清晰记得，我打着手电筒，深一脚浅一脚在半米深的雪里走路上学的情景。等雪被车轮压实了，路面光滑，走路上学经常不小心人仰车翻，胳膊腿上摔几大块青是常事。我也经常冻伤手脚和耳朵。有一年，我的脚趾头冻烂了，找赤脚医生上了药，过了好久才治好。

艰苦的环境培养了我坚韧的性格，也让我坚定了跳出"农门"的决心。我知道，要想走出去，学习是唯一的出路。

从小学到初中，我成绩一直很优异，高中顺利上了重点班，没让父母太操心。高中离家 15 里地，也是骑车来回，一周才回家一次不用那么奔波了。高中学习任务繁重，带着父母的期盼和自己的理想，我刻苦学习，每天徜徉在知识的海洋里。1993 年，我如愿考上了重庆建筑工程学院（2000 年并入重庆大学）的城市燃气专业。那时，我家做饭取暖都是烧柴烧煤，对燃气没有一点概念。选择这个学校和专业，纯粹是我觉得这所大学的校名好听，有气势，而且离家足够远，我可以看到风格迥异的世界。至于专业，则是因为"城市"二字，我认为能够让我走向城市。这也许是那个年代的农村学生最朴素、最真实的想法。

考上大学是好事，可对于从未出过远门的我来说，重庆太遥远了。先坐长途车到烟台，转坐绿皮火车到济南，再转车到郑州，最后再转车才能到重庆。整个路程要两天三夜，光坐车就要 44 个小时，而且只有第一程火车有可能买到坐票，后面只有站票。有一次凌晨在郑州火车站候车时，我站着站着就睡着了，差点摔倒。求学路途虽然辛苦，但车厢外面是风景，里面有故事。我曾翻过车窗，在硬座下打过地铺，遭遇过抢劫和盗窃，和小猪仔同过车厢，与列车员"躲过猫猫"……

大学生活丰富多彩，如同重庆这座风格鲜明的城市，我在这里开阔了眼界、收获了知识、结交了朋友，在最美的年华，收获了最美好的记忆。

1997 年，我毕业被分配到中国石油天然气管道勘察设计院工艺室。当时院里开始多元化发展，我是其中第一个学城市燃气专业的大学生，先后完成了朔州、西宁和苏州的燃气工程。后来，我牵头组建了工艺室燃气设计组。

2000 年，随着国家经济的快速发展和油气勘探开发的巨大进展，我国又一次迎来了长输管道建设高潮，我开始转行做长输管道工程设计。相比城市燃气，长输管道领域有许多新知识、新技术需要我从头学起。我起早贪黑，加班熬夜看书，向前辈请教，向同事学习，设计技术有了长足的进步。2003 年 10 月，我担任了中国第一条输气干线之间的联络管道——冀宁管道工程的技术经理，这也是中国油气管网建设的开端。行业第一位国家级设计大师曲慎扬担任项目总工程师，我很有幸在他的指导下工作。他是我在长输管道设计领域的领路人，他的严谨、求实、创新和精益求精的工作作风和个人品质一直影响着我、激励着我，让我受益终生。这个项目工期非常紧张，又面临很多新的课题，为让每一项设计方案都有充分的数据支撑，我们做了海量的论证计算，最紧张的几个月里每天只休息四五个小时。审查会前两天，我总共只睡了三个小时，在当时规模最大的项目审查会现场做汇报的时候，我疲惫不堪，同事给我递来的一杯杯咖啡让我支撑下来。最终的成果是完美的，我们的设计得到了行业专家的高度认可。现在回忆起来，这些奋斗的场景还历历在目。

2006年，我担任工艺室主任，同年，我国一条重要的能源进口战略通道——中缅油气管道工程正式启动。我被任命为这项伟大工程的设计经理。摆在我面前的，仿佛是一道道无法解开的难题。中缅管道起自缅甸皎漂，油气双线并行，途经若开山、南塘河大峡谷、掸邦高原，从云南瑞丽进入中国。在国内，管道经过青藏高原南延地带、云贵高原、黔中峰林谷地、黔南中低山盆谷区，是全球已建管道中地质条件最复杂、施工难度最大的管道工程。在外国专家眼里，中缅管道途经地区根本不适合建设管道，业内人士也曾说："中缅管道处处都是果子沟。"（果子沟是西气东输二线西段最难的施工段），中缅管道的设计与建设之难可想而知，一系列世界级难题就摆在我面前。

从可行性研究到初步设计、再到施工图设计，我和项目团队经历了数不清的不眠之夜，完成了成百上千次的探讨和研究。为了找到一条最优的管道路径，我们跋山涉水，用双脚丈量山河峻岭。我也在为国家建设能源动脉的过程中欣赏了祖国的壮美河山，也算是实现了小时候"去外面看世界"的梦想。

数不清的现场踏勘，反复的计算论证，我们几乎牺牲了所有的节假日，对管线路由、输送工艺、地灾防治等进行一次又一次的优化，只为让设计方案最优、投资最少。我们也终于成就了像国际河流澜沧江跨越那样三管同桥、桥隧直连、以风洞试验指导柔性结构抗风设计的国内首创，攻克了很多像云南境内5条活动地震断裂带和连续56公里9度地震区的抗震设计难题。

2013年10月20日，中央电视台新闻频道播出了中缅天然气管道进气投产的新闻。看着电视中的视频画面，我的眼睛湿润了。这意味着我和团队的数年艰苦鏖战画上了圆满句号。回眸一路艰辛，我的内心充满自豪，我们敢冒天下险、敢创天下新，为保障国家能源安全、促进中缅两国人民友谊做出了自己的贡献。

2014年，我接到新的任务，到管道局国际事业部，负责中东地区市场开发。这一角色的转变，让我走向了海外，走进了波斯湾，去见识了更广阔的世界。在迪拜工作的近两年时间里，我去中东的各个国家走访，寻找市场信息，拜访潜在客户，研究国际标准，在持续巩固伊拉克工程市场的同时，成功进入沙特市场，第一次牵手沙特阿美公司。

2018年，我调回管道设计院担任副总经理，回到了梦开始的地方。我把精力投入企业管理和技术进步中，组织世界上平均海拔最高的某高原输油管道设计，并成功投产，保障和服务边疆建设；组织创立成都数字化创新中心，以Wis系列产品和服务，推动了管道行业进入数字智能时代，同时以数字技术赋能业务和管理，开启了企业数字化转型的进程。2021年，我担任管道设计院总经理、党委副书记，提出"以客户为中心"的端到端流程再造，加快推进企业数字化转型，提出企业新发展时期顶层设计"卓越之道"，系统梳理了企业在新发展时期的愿景使命价值观和发展战略、路径等底层逻辑系统。同时，响应国家"双碳"目标，成立新能源创新中心，全面进入新能源赛道，加快新能源技术研究和企业多元化转型，并以入选国务院国资委"科改示范行动"为契机，大力推动管道设计院治理体系变革和机制市场化改革，主导促成与百度云智合资成立易度智慧科技（成都）有限公司，以"业务+IT"的深度全面融合，加快引领行业数字化智能化发展。两年多来，在深化改革的推动下，管道设计院的经营业绩连年提升，自主创新能力大幅增强，2022年被国资委评为科改考核优秀单位。

我从一名向往看世界的懵懂少年，到现在成为一名国有科技型企业的管理者，一路走来，我始终认为，国家的发展为我们搭建了广阔的舞台，让我们能够不断成长，实现人生价值，见识更宽广的世界。

引领管道勘察设计技术迈向世界一流

一、开创多项油气管道工程技术先河

2003年，我担任西气东输冀宁管道工程技术经理。该项目连通陕京二线和西气东输，是中国干线天然气管网建设的开篇工程。我带领设计项目组首创油气干线管网系统分析模型，应用的大应变钢管＋特殊断面管沟敷设方案，为今后长输管道通过地震带设计开辟了新途径；创造出当时直径 1 016 毫米管道穿越河流最长的亚洲纪录和穿越黄河主河道的新纪录；首次进行了 X80 钢的工业性应用。该项目也是中国第一条数字化管道。项目斩获住建部优秀设计（国家级）铜奖、中国石油工程建设协会优秀设计一等奖。

2008 年，我负责我国四大能源通道之一——中缅油气管道的可研及初步设计工作。这是当时世界上建设难度最大的管道工程，被美国专家称为"不可能建成的管道"。我力主缅甸段管道的设计施工全部采用中国标准，使中国标准成功输出缅甸，并带领团队更新设计理念，边研究边设计，优化线路方案，为国家节省投资超 10 亿元。在澜沧江跨越设计中，解决了三管同跨、桥隧直连等十大难题，取得了十余项创新成果，创造了管道跨越史上的多项第一，累计节约投资达 1.55 亿元。2011 年，我又担任中缅管道国内段第二、三合同项 EPC 项目副经理，分管设计管理工作，高质量完成施工图设计，充分发挥了设计对工程的引领和支撑作用。中国石油专家组认为该项目的设计"使中国管道设计水平得到了很大的提高"。

承担工程项目期间，我还主持或主要参与了"天然气管网工艺系统分析优化及特殊地段管道关键敷设技术研究""复杂荷载工况下大型悬索跨越设计技术研究""中缅天然气管道设计施工及重大安全关键技术研究与应用"等多项中国石油集团级、管道局级重大课题研究，取得的成果成功在项目中推广应用，获得多项省部级奖励。

二、推动行业设计质量安全升级管理

近年来，基于国内管网骨架基本形成、输送介质易燃易爆、管道沿线自然和社会环境多变，以及输送方案朝着高压、大口径、高钢级发展等特点，我着力构建管道行业本质安全设计体系。通过综合分析，我提出了在本质安全设计中应考虑先整体后局部、全生命周期、全要素、全过程的四项原则，并建立了一套从规划、可研、

初步设计、施工图、施工到运行，再到报废阶段的本质安全设计流程，对于国内管道行业从设计源头上改进和提升本质安全具有重要意义。

党的十九大以来，国家将安全环保工作提升到前所未有的高度，而随着在役油气管道里程和运行时间的增加，管道发生了多起质量安全事故，因此行业开展了一次全面的风险排查和质量安全升级管理工作。作为当时分管设计质量安全的公司领导，我赴现场参与了重要事故抢险，带领专家组徒步 1 720 公里踏勘，组织专业技术人员累计完成了 3.7 万公里国家干线管网设计符合性排查、4 349 公里高后果区排查，积累分析了大量数据和资料，并作为课题总负责人，从设计源头、设计标准上对油气管道质量安全进行分析研究，完成了"山区管道设计及防护标准提升研究项目"课题，对于消除安全隐患，系统提升山区管道设计和防护工程标准，保证管道本质安全发挥了重要作用。与此同时，我将分析总结的技术质量管理经验融入公司一体化管理体系，改进升级科技创新、项目管理等管理文件，使公司成为全国首批通过工程勘察设计行业质量管理体系"AAA+"认证的设计企业。

三、引领中国管道走向智能智慧时代

2003 年，数字化管道概念刚刚在国内提出，我就在西气东输冀宁联络线上实现了数字化设计技术在国内管道工程上的首次应用。近年来，习近平总书记多次强调，要加快数字中国建设，我认真系统学习了相关指示批示精神，先后组织研究并完成了公司四大数字化设计平台、一体化载体平台、中油管道设计云建设，有力支撑了我国首条智能管道——中俄东线天然气管道工程的建设。

同时，我组织团队完成国务院国资委 1025 重大专项科技攻关，研发形成以数字化交付为核心的具有完全自主知识产权的 WisPipeline 载体平台及 Wis 系列产品，突破了国外数字孪生体技术封锁，成功在中俄东线等项目中推广应用，显著提高了效率效益。以公司入选"科改示范行动"为契机，全力推动公司与国内 IT 领军企业组建合资公司，以"业务＋IT"的深度融合，推动"知识＋

数据"服务和数字智能产品加速迭代研发，推动和引领行业全面进入数字智能时代。

附：代表性研究成果

1. 编制《油气输送管道应变设计规范》

地面位移地段（如强震区、活动断层、多年冻土区、矿山沉陷区等）的管道安全一直是国际研究的热点。尽管行业内普遍认为应该采用应变设计方法来解决，并开展了大量的研究工作，但由于此方法涉及的内容广泛，至今还没有形成专门的标准。

国内自 2007 年西气东输二线工程建设开始，经过十几年的引入、消化吸收、再创新，形成大量科研成果，积累了丰富的建设经验。本标准在此基础上编制而成，填补了国内外标准空白，标准于 2018 年 10 月 29 日发布，2019 年 3 月 1 日实施。该标准提出了完整的应变设计流程，规范了地面给管道附加变形（设计应变）的计算方法，推荐了管道自身变形能力（许用应变）的计算模型，补充了保证计算结果合理和管道变形能力的技术条件，规定了施工质量控制的关键环节，形成了系统的应变设计方法。同时规定了强震区和活动断层、多年冻土地区、矿山沉陷区的应变设计的具体方法，可直接指导这些地段的设计。

本标准自实施以来，节约了大量工程投资，促进了大应变管材的国产化，推动了地面位移地段管道设计的技术进步，为高钢级管道环焊缝质量提升指出了方向，取得了显著的经济效益和社会效益，并将在今后油气管道建设以及在役管道完整性管理等方面发挥更大作用。

2. 特长距离高水压油气管道盾构隧道设计与施工

中俄东线长江盾构隧道是国家重点能源战略通道，盾构穿越位于长江下游南通和常熟之间，穿越长度 10.226 千米，盾构隧道内径为 6.8 米，敷设三根 D1422 毫米高压输气钢制管道，设计水压 0.73 兆帕，是目前世界上独头掘进最长、直径最大、水压最高的油气管道盾构隧道。此隧道工程面临 8 米级常压刀盘设计、近补给源承压水降水、超长距离隧道掘进、软土地质改良、沼气处理、长距离管道安装、管道抢修与智能运营等一系列难题。

依托国家重点工程长江盾构隧道穿越工程，项目组付出大量心血，历时近 8 年时间，攻克了一系列难题，研发了高效泥水分离装备和小断面掘进刀盘等核心设备，建成了小断面水下油气管道盾构机生产线，生产的盾构机成套装备成为国内明星产品。国产化小断面盾构机已经替代进口，设备价格降低 20%。研发的直径 7.95 米刀盘结构，创世界最小断面常压换刀纪录。应用本成果及国产装备完成长江盾构穿越，水下单向掘进能力首次在世界范围内突破万米级。构建了高水压下水下盾构隧道高效施工技术体系，研发了高效率高精度盾构环片拼装方法，突破了临江富水超深竖井设计施工关键技术，提出了堤防区域深大竖井高效降水及沉降控制技术，实现敏感区域的微扰动施工，解决了富水地区深大竖井设计施工及盾构始发接收工程难题，研发隧道内多管道新型安装技术，发明超长距离小断面隧道内大口径管道安装方法，解决了隧道内空间小、管道多的安装难题。依托上述核心技术，中俄东线长江盾构创造了盾构隧道最快掘进记录（1023 米／月），节约成本 1.13 亿元。该项目是目前世界上单向掘进最长的盾构隧道，随着工程的顺利贯通，标志着世界盾构隧道行业单向掘进开始迈入万米级行列，为中国油气管道技术由跟随转为领跑起到不可替代的作用。

3. 中缅天然气管道技术研究与应用

（1）河流跨越设计

中缅管道沿线山川峡谷并行，河流多呈 V 字形，采用跨越方式通过。设计难点包括：跨度大、不同介质多管同跨、主索运输难、桥隧直连、国际性河流跨越的安全环保要求高、复杂峡谷风影响、地质构造复杂、边坡稳定性差、地质灾害严重等。如何能够保证复杂条件下的跨越结构安全，决定着中缅管道建设的可行性。针对这些问题，我们开展了一系列的专题研究、评价和试验，攻克了管道建设史上空前的集群性跨越工程难题。

①油气双管（或三管）共同跨越。在悬索跨越中采用油气双管（或三管）同桥尚属国内首例，我从安全、经济等方面对柔性桥面条件下不同布置方案进行了研究，管道采用上、下层布置方案；对具有特殊地形和风环境的澜沧江跨越采用刚性桥面，管道采用单层桥面水平布置方

案。②主索制作、运输和安装难度大。由于跨度和荷载大，主索的质量和尺寸超限，运输和安装困难，因此采用了分索和现场制作的方案。怒江跨越预制主索外径148毫米，长度330米，质量达26吨，主索分成7束索股，每股包含91根平行钢丝束，现场合股、缠丝制作而成，解决了运输和安装问题。由于主索分股，塔架顶部主索无法断开，因此，配套采用了高强混凝土塔架，塔顶采用索鞍过渡的设计方案。③河流跨越安全设计。跨越结构和管道本体设计采取了本质安全、监控预警和安全保卫相结合的安全设计方案。在本质安全方面，除了常规安全考虑以外，还采取了其他本质安全措施，主要包括：采用容许应力法（缆索计算）和极限状态法相结合的设计方法；在强度和变形验算基础上，对桥塔基础结构进行稳定性验算，对基础承台进行抗冲切验算；采用数值模拟和风洞试验相结合的方法进行抗风设计；在抗震设计方面，从抗震设防标准、抗震计算、支座设计、桩基础设计、跨越两侧设置截断阀室等方面采取了系统的抗震措施。除了本质安全措施外，还采取技防和人防相结合的监控预警和安全保卫措施，包括：设置跨越健康监测系统，对管道和跨越结构进行应力应变监测，可进行远程实时健康监测和评估，保障跨越始终处于本质安全状态；设置视频监控系统，在跨越点两岸设置视频监控设备，对跨越进行远程监视；跨越两岸基础外围用围栏封闭，围栏上预留大门用于巡检；在跨越靠近公路的一侧设置值班室，24小时值守看护。④国际性河流环保要求高。中缅管道跨越怒江、澜沧江等国际性河流，设计中引入基于风险的环保设计理念，开展怒江、澜沧江原油管道跨越定量环境风险评价，对跨越失效后果和环境风险进行定量评估，根据评估结果，验证了管道跨越设计方案的合理性，并对设计方案进行进一步优化，同时为跨越段原油管道泄漏应急预案、应急物资储备方案的制定提供了技术依据。⑤风洞试验。面对特殊地形导致的复杂风环境，与国内大学合作，开展跨越全桥模型风洞实验，验证了跨越结构的抗风稳定性，取得了关键的抗风设计参数。结合数值模拟分析风载的动力影响，对采用刚性桥面的澜沧江

跨越优化了抗风设计，成功取消了风索，对怒江等柔性悬索结构采取设置频率干扰索等抗风方案。

（2）地质灾害设计

中缅管道沿线地质灾害频发，项目组对此开展了管道地质灾害防治专题研究，对管道沿线地质灾害进行系统全面的识别和评价，对无法避绕的地质灾害开展治理工程专项设计，在国内管道建设中尚属首次。

根据现场地质灾害调查成果，共查出460处地质灾害点，线路调整避让的以及经评价后不需治理的有287处，受条件限制无法避让需治理的有173处。沿线地质灾害主要包括崩塌、滑坡、泥石流、不稳定斜坡、岩溶塌陷5种类型。针对这些地灾点开展治理工程设计，满足了地灾防治要求。同时，由于部分站场位于高差大的山区，大削方和大填方形成的高陡边坡，以及河流跨越两岸的高陡边坡也进行专门评价，并依据评价结果采取防护措施，确保了站场和管道安全。

除地质灾害治理工程外，中缅管道在通过地质灾害段采用X70大应变钢管，以提高管道本体抗变形能力，保证管道本质安全。对4处规模较大的地质灾害点，还进行了运行期地质灾害监测的设计。

地质灾害具有复杂性、突发性和隐蔽性的特点，因此开展了动态设计，并首次提出群测群防的管道地质灾害防治理念。对管道施工诱发地质灾害的风险进行了预评价，确定了高风险段52个，针对这些地段，要求合理选择施工时机，快速施工通过，过程中采取监测措施，避免诱发地质灾害；对施工诱发的地质灾害要进行应急处置，必要时进行永久性治理；对于建设期和运行期的管道还要充分依托地方地质灾害管理部门以及地质灾害防治体系，充分发动群众，保证管道的长治久安。

（3）大落差输油管道设计及运行

中缅原油管道（国内段）一期全长605.9千米，设计压力4.9~15.0兆帕，沿线经过澜沧江、怒江等大型河流，全线700米以上落差段6处，最大落差段落差达1480米，是典型大落差管道。其设计及运行存在很多难点，比如设计压力选取、不满流控制、试压分段设计等。

在设计压力选取上，我们采用专业分析软件，根据动水压力和静水压力对沿线设计压力进行粗选，再进行瞬态分析计算对粗选的设计压力进行优化调整，得到最终的设计压力，切实保证了管道运行安全和经济性。

在大落差管道中采取常规试压分段技术将导致分段过多、工程量大、成本高，项目组利用山区管道地势高点需求较低的设计压力特点，打破等设计压力的分段理念，采用等试压压头的设计分段理念，对管道各里程高程点的设计压力进行分别选取，在满足工艺安全运行的前提下，尽可能地增大分段长度，达到减少试压分段的数量、优化管道试压方案的目的，中缅原油管道试压分段由原来的325段优化为23段，节省成本约1 300万元。"大落差管道试压分段技术"也成为公司核心技术之一。

针对大落差管道运行和投产中易出现的不满流问题，项目组联合中国石油大学（北京）开展了"高含硫、高含盐原油的连续大落差管道输送工艺"专题研究，建构了水力计算模型，编制了模拟软件，对不满流的位置、长度、形成的条件进行模拟，并提出了控制不满流的措施，保障了中缅原油管道的顺利投产和安全运行。

4. 干线天然气管网工艺系统分析及设计优化技术研究

随着我国四大能源进口通道及多条干线天然气管道建成投产，我国已初步形成覆盖全国大部分地区的天然气管网骨架。天然气干线输配系统开始从干支线结构的简单管道系统，逐渐步入多气源多用户、管道互联、流向多变的复杂管网系统。作为设计核心的管网工艺系统优化对于复杂管网的安全、可靠、经济、平稳运行十分关键。

通过调研国外天然气管网工艺系统中成熟的优化设计经验，我们采取了以下方式：一是开展天然气管网工艺系统分析与优化设计方法关键技术研究，形成一整套优化设计方法；二是收集全国范围内天然气管道参数，建立全国天然气管网模型，并进行系统模拟优化方法的验算；三是根据验算和实际工程情况，编制科学先进并适合我国国情的《天然气管网工艺系统分析与优化设计工作指南》。

本研究首次提出了管网建设新概念，给出了管网系统分析和优化设计理念和方法，解决了如何将新建管道和已建及待建管道进行互联的问题，明确了在管网条件下，管道管径、设计压力、压气站设置以及压缩机组选型需要考虑的因素和优化设计的方法，对后续天然气管道（管网）的设计及互联互通提供了理论依据和技术支撑，为全国大规模的天然气管网建设做好了技术储备。

该项研究成果已经应用在西气东输二线、三线、四线、中俄东线、中俄远东等天然气管道项目设计中，研究成果分别荣获管道局2012年度科技进步一等奖、中国石油集团公司2012年度科技进步二等奖。

5. 高海拔地区多年冻土管道敷设技术研究

高原冻土常年不融化，且具有高含冰量冻土段长和热稳定性差的特点，高原冻土对外界影响非常敏感，会产生冻胀，而且一旦受热融化会产生显著沉陷。为了确保高海拔冻土区的管道安全，让管道和冻土和谐共存，我们开展了高原冻土专题研究，该专题研究包括：高原地区管道周围土壤的冻融圈计算研究，冻土段管道选材及应力、应变研究以及冻土区管道敷设研究。

高原冻土专项研究在材料热学参数、各土层的热物理参数、不同含水（冰）类型土的热物理参数和边界条件等方面，研究并建立了高原地区冻融圈和冻融深度变化过程研究模型。根据建立的研究模型，研究了高海拔、多年冻土区并行输油和输气管道周围土壤的冻融圈发展规律，能够准确预测管道运行期间内最不利工况的融化深度，掌握多年冻土区管道基础稳定性评价和预测方法，根据热影响确定合理的并行间距，提出多年冻土区管道敷设方式；建立高原冻土区管土应力应变计算模型，提出埋地管道在"内压＋温度应力＋冻融附加应力"组合作用下的管道安全临界条件，提出管道安全和地基土长期稳定性的技术措施建议。团队自主开发了世界上第一个冻土检测系统，将现场监测数据实时传输至监测预警系统，基于不同的风险预警策略，实现了对管道变形、土壤温度变化的信息采集、传输，数据的综合分析和预警，保障管道运行安全。

该项研究成果已经应用到某输油管道项目中，研究成果获得了局级2022年科技进步一等奖，申请了1项发明专利，形成了1项公司标准。

中缅油气管道工程（境外段）

建设地点：缅甸
设计/竣工：2008年/2013年
获奖情况：中国建设工程鲁班奖（境外工程）

中缅油气管道是继中亚油气管道、中俄原油管道、海上通道之后的第四大能源进口通道，该项目的建设有利于实现石油运输渠道多元化，保障中国能源供应安全，同时带动缅甸经济发展。中缅原油管道线路长770千米，起点位于缅甸西海岸皎漂港东南方的马德岛，天然气管道长791千米，起点在皎漂港，两条管道并行经缅甸若开邦、马圭省、曼德勒省和掸邦，从云南瑞丽进入中国。该项目途径地区地形复杂，落差大，气候炎热多雨，社会依托不足。为解决复杂环境下施工难题，创新应用了高强度钢材应用、海底管道三维勘察设计技术、大口径并行海底管道设计、高地震烈度及断裂带管道设计等12项大口径长输管道设计施工新技术，创造了直径1 600毫米的钢套管夯进126米的世界纪录，攻克了伊洛瓦底江定向钻等"世界性穿越难题"。

中缅油气管道工程（国内段）

建设地点：云南省、贵州省、广西壮族自治区、
重庆市
设计/竣工：2010年/2013年
获奖情况：中国工程咨询协会优秀工程咨询
成果奖一等奖、中国石油天然气集团公司科
技进步奖特等奖、中国勘察设计协会优秀工
程勘察与岩土工程奖二等奖、中国石油学会
年度科技创新十大进展

　　中缅管道（国内段）油气双线横跨四省，其中原油管道一干一支约为1660公里，管径813毫米，天然气管道一干八支约为2550公里，管径1016毫米，全线经过大中型河流近60条，隧道80处，管道沿线81%为山区，沿线具有高地震烈度、高地应力、高地热以及活跃的新构造运动、活跃的地热水环境、活跃的外动力地质条件、活跃的岸坡再造过程等"三高四活跃"的不良地质特点，管道高差变化剧烈，大量采用山体隧道穿越方式，沿线山川峡谷并行，必须采用跨越方式通过，沿线生态与自然环境优美，环境保护要求高，且途经少数民族聚居区，管道建设要充分考虑各地民风、民俗特点，为国内长输管道建设遇到的最为复杂的地形和地质条件。针对众多难点和特点，项目开展了大落差管道设计研究、管道抗震研究和专题设计、管道跨越的抗风实验研究、三管同桥及桥隧直连设计研究、斜拉索和悬索动力响应分析、地质灾害防治专题设计等10余项专题研究和专项设计，同时在并行管道、隧道、跨越、地质灾害、抗震等方面实现了47项设计创新，为解决世界级难题提供了科学依据和技术保障。

西气东输冀宁管道工程

建设地点：河北省、山东省、江苏省
设计 / 竣工：2003 年 /2006 年
获奖情况：全国优秀工程勘察设计奖铜质奖、中国石油工程建设协会优秀设计一等奖

　　西气东输冀宁管道工程是一条纵贯华北、华东、连接环渤海和长江三角洲两大天然气干线的能源大动脉，是继西气东输和陕京二线之后的又一条国家干线输气管道。作为西气东输的后备保障线工程，它的建设不仅可以向沿线地区输送清洁、优质、高效的绿色能源，同时，可以实现陕京二线与西气东输的联络调配，使长三角洲和环渤海两大区域管网实现气源多元化、输气网络化、供气稳定化和管理自动化。管道起自河北省安平县，终点为江苏省南京市青山分输站，自北向南途经河北省、山东省、江苏省。干线全长约 900 公里，设计输量 110 亿方 / 年，设计压力 10 兆帕，管径为 DN1000 和 DN700。该项目创建了国内四个第一，即国内第一条干线联络管道，首次将"数字地球"概念引入长输管道工程，国内第一条对大型活动性断裂进行抗震设计的管道，首次进行了 X80 钢管的工业性应用。该项目创新点：全线采用卫星遥感技术进行选线，使选线方案更加合理，提高了选线效率，同时采用世界上最先进的数字摄影测量技术，以及产生的数字化基础成果，建立了全线地理信息系统，极大便利了管道的建设、运行管理以及管道的应急抢修等；创新线路工程施工图格式，采用正射影像图，提高了设计效率，为管道施工中的征地、扫线、布管等环节提供了很大便利；成功探索了干线管网系统分析，为今后输气网络系统分析积累了宝贵经验。此外，该项目在初步设计阶段，第一次引入管道风险分析和管道应急预案设计，为施工运营管理编制应急预案提供了依据和参考。

关彤军

1972年生，石家庄市政设计研究院有限责任公司总经理。1995年毕业于河北工业大学土木工程系交通土建专业，毕业后至今一直从事市政工程设计工作，国家注册一级结构工程师、国家注册造价师、正高级工程师。

主持工程情况及荣誉

作为技术负责人主持过本行业几十项大型工程建设项目的勘察设计，主要作品有：石家庄市民心河工程、石家庄市南二环西延跨南水北调桥梁工程、石家庄市中山路提升改造工程、承德市迎水坝桥梁工程等，技术水平达到同期同类项目的国内先进或省内领先水平，效益良好，贡献突出。获

全国优秀水利水电工程勘测设计奖铜质奖1次，获河北省科技进步三等奖1次，获河北省建设行业科学技术进步奖一等奖1次、二等奖1次，获第三届河北省土木工程李春奖1次，获河北省优秀工程勘察设计奖一等奖（一等成果）5次。参加编制河北省建设地方标准7项和河北省标准图集6项并已正式发布。在国家核心以及以上期刊发表过高水平的学术论文7篇，其中2篇为第一作者。取得发明专利1项。作为项目负责人或参加人主持和完成了5项河北省住建厅、科技厅建设科技研究计划项目。

单位评价

关彤军同志在市政道路和桥梁设计领域积累了丰富的专业知识和技能，对于市政工程的各个方面都有深入的了解，能够独立应对各种复杂的设计问题和挑战。该同志完成了大量的市政道路和桥梁设计项目，并取得了优秀的成果。他注重细节，精益求精，设计出的桥梁和道路具有良好的安全性、稳定性和美观性，为城市的交通建设和发展做出了重要贡献。他具有创新的设计思维和解决问题的能力，能够充分理解项目需求，提出独特的设计方案，并能够灵活应对各种技术和施工难题。在工作中展现出良好的团队合作和领导能力，指导和培养年轻的设计人员，传承并发展行业的专业技术。他对单位的贡献和价值不可忽视，是单位的宝贵资产和骨干。他设计了许多优秀的市政工程作品，如石家庄市民心河工程、石家庄市南二环西延跨南水北调桥梁工程、石家庄市中山路提升改造工程、承德市迎水坝桥梁工程等，为市政建设做出了贡献。

踏石留印 勇毅笃行

1995 年 7 月我从河北工业大学交通土建专业（现土木与交通学院）毕业，毕业后入职石家庄市政设计研究院工作，从最初的设计员、助理工程师、工程师和高级工程师到现在的正高级工程师，我担任过设计所所长、设计院总工程师及现在的总经理等职务。回想起近 30 年的职业生涯，我深深感激这个行业给予我的机遇和成就。在这里我把我从事市政行业的体会和感悟做了一个总结，希望为年轻人了解市政行业提供一定的帮助。

一、拥抱梦想

每个人的人生旅程都充满了巧合和偶然，我与市政设计的结缘也是一种奇妙的邂逅。我专业是公路与城市道路工程专业。在学习的过程中，我发现自己对这个领域逐渐产生了浓厚的兴趣，我痴迷于道路和桥梁的功能与结构，同时也被它们对城市发展和人们生活的重要性所吸引，我开始深入学习道路和桥梁的相关知识，不断探索其中的奥秘。在大学实习期间，我有幸加入了一家市政设计机构，这是我人生中的转折点，也是我与市政行业结缘的开始。我接触了真实的项目和实际的设计工作，从规划到施工，从概念到细节，这段实习经历让我深刻体会到市政行业的挑战和机遇。我发现市政道路和桥梁的专业设计是一门综合性的艺术，它不仅仅关乎技术和结构，更涉及城市规划、环境保护、交通流动和人民生活等多个方面。通过参与实际项目，我开始理解设计的背后需要考虑的众多因素，如城市的发展方向、居民的需求、环境的影响等，我逐渐认识到，设计师不仅仅是创造者，更是城市发展和社会进步的推动者。

二、腾飞的翅膀

1995 年 7 月大学，我毕业来到了石家庄市政设计研究院（简称市政院）。入职后，为了尽快地融入这个设计大家庭中，我从单位的资料室借了许多前辈画的设计图纸认真学习研究，不懂的地方就向我的师傅段总请教。

经过半年多的磨炼，我终于可以独立承担一般工程的设计工作了。1996 年市政院承接了石家庄市民心河引水入市工程的设计任务，我有幸参与其中。该项目河道全长 56.9 公里，分为东、西、南、北、中五条环城区河道，改造、新建排污管道 38 公里，新建桥梁几十座。院里分配给我的任务是在桥梁组进行桥梁设计工作。为了充分体现一桥一景，我们结合实际情况确定了许多桥型，有简支梁桥、连续梁桥、拱桥、钢构桥等，但当时的设计院在道路、排水设计方面经验丰富，在景观桥设计上的经验却很少，技术力量薄弱。桥梁项目组都是年轻人，每个人负责十几个桥，这对大家来说既是机遇，又是挑战。在那段时间我一边学习计算机桥梁计算编程，对各种桥型进行受力分析，一边查阅各种资料，请教行业专家，加班加点地进行设计工作。经过几个月的辛勤付出，我们按时完成了院里交付的任务。当看着一座座桥梁由图纸变成实景，作为一个设计人能够真正参与到市政建设当中，我感到无比光荣和自豪，我坚定这就是我热爱的职业。自此我开始了职业生涯的征程。我积极参与各类市政道路、桥梁设计项目，挑战自我，不断超越。通过与团队合作，我的设计作品逐渐展现出独特的风格和创意，为城市增添了一道道独特的风景线。

2010 年我作为项目负责人承担了南水北调中线穿越市区段的 7 座桥梁的设计工作。设计一座穿越市区的桥梁往往会面临一些独特的挑战和困难，如地形条件、交通流量、环境影响等，我不断寻找创新的解决方案和应对策略。在这个项目中难度最大的是南二环西延跨越南水北调干渠工程。该项目桥梁总长 4.5 千米，桥宽 28 米，双向六车道，其中跨南水北调主桥单跨跨径 130 米，主桥采用预应力混凝土系杆拱结构，刚性系梁刚性拱，拱肋采用哑铃型钢管混凝土，每片拱肋设吊杆 19 根。该桥是当时市政院自建院以来承接的单跨跨度最大的一座桥梁，我深感责任重大。这座桥梁是城市交通的重要枢纽，承载着人们的出行和经济的发展作用，我深知自己的设计将直接影响到城市的交通流动和居民的生活。在开始设计之前，我进行了充分的调研和分析，仔细研究了项目的背景资料、交通流量数据、地质地貌情况等，以便更好地理解设计的需求和挑战。我还与相关专家和团队成员进行了深入讨论和交流，共同探讨最佳的设计方案。我采用先进的设计软件和技术进行桥梁的结构计算，同时注重细节，力求在设计中融入创新的理念和美学的元素。我努力平衡桥梁的功能需求和艺术表达，追求结构的合理性和美感的统一。在设计过程中，我注重团队合作和沟通，同时与施工方紧密合作，共同解决设计中的难题和风险。我们进行了多次讨论和评审，不断优化设计方案，确保桥梁的安全性、稳定性和施工可行性。

这个项目的完成对我个人和团队来说具有重要的意义。它是我职业生涯中的一次重要突破，既是我的专业能力和技术水平的体现，也是我多年积累的经验和知识的转化。这个项目让我深刻体会到了市政桥梁设计的重要性和意义，市政桥梁不仅是交通的工具，更是城市形象和文化的体现，设计师有责任创造出安全、美观、可持续的桥梁，为城市增添魅力和活力。

三、艺术的融合

市政桥梁不仅要满足功能性，还要具有美观性，桥梁设计是艺术与技术的完美交融，它不仅是一门技术，更是一门艺术。在桥梁设计过程中，我力求将自己的审美触觉与工程实践相结合，通过桥梁的线条、比例和材料的选择，展现出独特的美感，使其不仅实现承载交通的功能，更彰显出对美的追求和对城市的情感表达。一座美丽的桥梁不仅要具备牢固的结构，更要具备独特的艺术气息，能够与周围的环境和谐相融。我认为，桥梁的线条是设计中的首要元素。通过巧妙的线条设计，桥梁可以呈现出流畅、优美的形态，给人以视觉上的愉悦和享受。线条的选择和布局需要考虑桥梁的功能和环境特点，同时也要注重与周围景观的协调，一条优雅的曲线、一段独特的拱形，都能赋予桥梁以独特的艺术魅力。其次比例的选择是展现桥梁美感的重要手段。合理的比例能够使桥梁更加协调和谐，恰到好处的比例能够让桥梁在城市景观中融洽自然，根据桥梁的跨度、长度和高

度等要素，细致地把握桥梁的比例关系，使其看起来既稳定又美观，给人一种令人赞叹的感觉。此外，材料的选择也对桥梁的美感起着重要作用，不同的材料赋予桥梁不同的质感和表现力。

做项目负责人期间，我主持完成了承德迎水坝葵花拱桥、石家庄太平河系杆拱桥和无黏结预应力拱桥的设计，在设计过程中充分考虑了桥梁所处的地理、气候和生态环境，尽可能地减少桥梁对环境的破坏，并与周围的景观相协调。桥梁可以融入自然中，与河流、山脉、公园等自然要素相呼应，形成一幅美丽的画卷，为城市增添了无尽的美感和魅力。

四、创新发展

技术应用是提升设计院实力的关键。随着科技的不断发展，各种先进的设计工具和技术应用不断涌现。在担任市政设计院的总工程师时，我深刻认识到学习和掌握新的设计软件、数字建模技术、仿真分析工具等的重要性。我积极投身于学习这些新技术，并将其应用于实际设计工作中，推动设计院向数字化、智能化方向发展。

同时，标准规范的编制对于提升设计院软实力至关重要。我积极参与行业标准的制定过程，通过参与标准的制定，深入了解行业发展趋势和最新的设计要求，同时还能将自己的实践经验与标准规范相结合，推动行业规范化和标准化发展。我深知标准规范对于保障设计质量、提升设计水平的重要性，因此将标准规范作为提升设计院软实力的重要途径之一。

此外我组织设计院的同志们主动参与相关课题研究，深入研究市政道路和桥梁设计领域的前沿问题和技术难题，不断拓展自己的专业知识和技能，为设计院带来技术突破和创新成果。这些成果不仅可以为设计院提供重要的学术支持和技术引领，还能提升整个设计团队的专业水平和行业影响力。

作为课题研究的一部分，我参编的《沥青路面压实理论与精细化过程控制技术》荣获河北省科学技术进步三等奖，我还主持或参与编制了7项河北省建设地方标

准和 6 项河北省标准图集。这些标准的制定和编制，为设计院提供了具体的技术指导和参考，提升了我院在市政设计领域的权威性和竞争力。

五、责任与传承

作为市政设计院的总工程师，我深知自己肩负着重要的责任和使命。市政设计涉及城市基础设施的规划、设计和建设，直接关系到人民的生活质量和城市的发展进程。因此，我的首要使命是履行责任，保障城市安全，提升城市形象。我以高度的专业素养和严谨的工作态度，确保每一项设计工程都符合规范和标准。我注重细节和质量，坚持追求卓越。

而传承也是我作为总工程师的另一个使命。市政设计事业的发展离不开前辈们的奉献和智慧。我将汲取前辈们的经验和教训，将其转化为自己的智慧和创新能力，不断推动市政设计的进步和发展。我将继承前人的优良传统，承担起传承和发展的责任。我将通过持续的学习和专业提升，不断拓宽自己的视野和知识范围，不断适应时代的变化和需求的发展。

同时，我也将致力于培养年轻设计师的才华和潜力，传授给他们专业知识和工作技能，激发他们的创造力和责任感。我希望能够培养出一批才华横溢、能够胜任市政设计工作的新一代设计师。他们将继承我们的市政事业，为市政设计的良性传承注入新的活力和动力。

每个人的成就离不开单位给予的宝贵平台和支持。我深感单位提供的平台是实现个人梦想的关键。这个平台不仅提供了机会和资源，让我们能够展现自己的才华和能力，更为我们的成长提供了良好的环境和条件。因此，我们应该珍惜单位给予的平台，感恩单位对我们的培养和支持，用加倍努力的工作为市政行业的发展做出更大的贡献。

石家庄中山路提升改造

建设地点：河北省石家庄市
设计 / 竣工：2016 年 /2018 年
获奖情况：河北省优秀工程勘察设计奖一等奖

中山路为城市主干道，设计车速 50 千米 / 小时，双向六车道，道路全长约 13 千米，工程总投资 6.27 亿元。中山路融入"海绵城市"的建设理念，设立公交专用通道，重新规划站台位置，在地铁出入口附近设置公交站台，实现了公交和地铁"无缝换乘"。

民心河

建设地点：河北省石家庄市
设计／竣工：1997 年 /1999 年
获奖情况：获中国人居环境范例奖、河北省
优秀工程勘察设计奖一等奖

　　民心河工程是"九五"期间省市重点工程，是改善市区环境、美化市容、提高市民生活质量的一项大型生态公益工程。该工程将市区原有排水明渠、灌溉明渠改造成排蓄结合的人工河湖水系，彻底改变了原来排污渠道沿途脏、乱、差的面貌。工程主要包括：蓄水河道56.9 公里，水面宽度 16~32 米，水面面积 250 万平方米，分为东、西、南、北、中五条环城区河道，同时改造、新建排污管道 38 公里，新建桥梁几十座。

南二环西延

建设地点：河北省石家庄市
设计 / 竣工时间：2015 年 / 2017 年
获奖情况：河北省优秀工程勘察设计奖一等奖

　　南二环西延建设标准为高架快速路十地面辅道，主线双向 6 车道，设计速度 80 千米 / 小时。工程起点为石家庄西、南二环节点，终点为跨南水北调干渠高架桥西侧落地点，总长 4.5 公里，工程总投资 11.2 亿元。南二环西延道路工程的实施实现了鹿泉、井陉与主城区之间的快速直达，带动了西部山前区的经济发展。

迎水坝桥

建设地点：河北省承德市

设计/竣工时间：2007年/2008年

获奖情况：河北省优秀工程勘察设计奖一等奖

迎水坝大桥为承德迎水坝大桥翻建工程的主体工程，桥型为上承式预应力梁拱组合桥，桥梁全长228.36米。设计车辆荷载为城–A级。

邢琳

1974 年生，国网河北省电力有限公司正高级电气工程师。1994 年毕业于武汉水利电力大学（现武汉大学）高电压及设备专业，毕业后至今一直从事电气设计工作。主要设计作品有：邢台龙泉 220 kV 变电站新建工程、盐化工 220 kV 变电站新建工程、台城（胡林）220 kV 变电站新建工程、无极东 220 kV 变电站新建工程等。

主持工程情况及荣誉

夏庄 220 kV 站改造工程荣获 2015 年度河北省优秀工程勘察设计行业奖一等奖；
翟固 220 kV 变电站新建工程荣获 2017 年度河北省优秀工程勘察设计行业奖一等奖；
台城（胡林）220 kV 变电站新建工程荣获

2019 年度河北省优秀工程勘察设计行业奖一等奖；
盐化工 220 kV 变电站新建工程荣获 2020 年度河北省优秀工程勘察设计行业奖一等奖；
龙泉 220 kV 变电站新建工程荣获 2021 年度河北省优秀工程勘察设计行业奖一等奖；
无极东 220 kV 变电站新建工程荣获 2022 年度河北省优秀工程勘察设计行业奖一等奖。
多年来通过设计工作，为电力行业培养了一批素质过硬的青年设计人员；参与了河北电网内众多标杆项目的设计工作，所负责设计的项目如玉林站、柏林站等多次在行业内斩获重要奖项。

社会任职

国网经研体系变电专业委员会委员；
全国智能配电网设计指导委员会委员；
电力系统自动化专业委员会委员。

学术成果

《110kV 变电站三维设计施工图通用设计》，担任主编，中国电力出版社，2022；
《国家电网公司输变电工程通用设计 110（66）— 500 kV 变电站分册（2011 年版）》，参与编写，中国电力出版社，2011；
《国家电网公司 380/220 V 配电网工程典型设计（2014 年版）》，参与编写，中国电力出版社，2014；
《国家电网公司输变电工程通用设计 220 kV 变电站模块化建设（2017 年版）》，参与编写，中国电力出版社，2018；
《受端主网架安全稳定保障技术》，参与编写，中国电力出版社，2021。

单位评价

邢琳同志大学毕业后进入国网河北省电力有限公司参加工作。在职期间，出色地完成了各项工作任务，具有坚实的专业理论知识和丰富的实践经验，对标准配送式变电站、智能变电站模块化设计和变电站三维设计等有深入的研究，专业技术能力在公司内达到较高水平并得到业内认可。

情注电网设计

一、梦想的启蒙——电网的种子在心中萌芽

每当看到电网设计这几个字，我都会心潮澎湃，可能是因为多年来的"职业病"，也可能是发自内心的热爱，对这份陪伴一生的职业，我内心有着特殊的感情。1989年秋天，我怀揣着对知识的渴望，走进武汉水利电力大学的课堂，学习高电压技术及设备专业。课堂上变压器、电容器等电气设备知识让我着迷，在它们冰冷的外表下，蕴含着无尽的能量，可以点亮黑暗，给世界的每个角落带来光明。或许正是这样一份精神感染了我，让我真正爱上了电力行业，致力于成为一名电网人。

二、人生的新开始——成为电网设计师

1993年大学毕业后，为了能清晰地了解电网设备运行状态，熟悉电气设备原理，我主动申请深入一线，跟踪电气设备的安装、调试。每天我早出晚归，认真学习，不想浪费在现场的一分一秒，哪还管什么脏和累，也不顾淑女形象，把看到的、想到的都记录下来。记得有一次现场施工完毕进入调试运行阶段，但电容器却一直调试不成功，造成无法按时送电，当时我仔细研究电容器设备的全部原理图，不放过任何蛛丝马迹，针对存在的问题，经过反复修改、计算、测试，最终变电站成功投运。这次经历给我留下了非常宝贵的经验，所有电气设备的关键点都被我记录下来，形成了具有现场实践经验的设计宝典，这个宝典成为我电网设计道路上永远的指明灯。

后来，因为工作调动，我从事了设计行业，成为一名真正的电网设计师。2016年河北南网第一个模块化试点站——邢台龙泉 220 kV 变电站开始投入设计。作为模块化试点示范工程，其设计方案的先进性对工程建设具有非常重要的意义。我主动请缨，担任工程设总，全力协调变电一次、二次、土建及通信各专业，从变电站功能出发，经过日夜讨论，形成45项贯穿全专业的设计要点，排查33项设计风险。龙泉 220 kV 变电站地处太行山东麓，区域地势起伏较大，前期勘察难度大，复杂程度等级属于 II 级。本站的建设不但有效解决邢台西部地区长期存在的 110 kV 及 35 kV 变电站单电源问题，改善区域电网结构，并且为新增 110 kV 电铁牵引站提供接入点，有效缓解相邻变电站的供电压力。本工程全面贯彻"两型一化"的设计理念，各专业明确了其作为工业性设施的定位，详细分析功能需求，追求基本功能和核心功能。主要电气设备遵照《国家电网公司标准化建设成果（通用设计、通用设备）应用目录》进行选择，通用设备应用率达到100%。我在设计阶段提前进行工程策划，从工艺标准、施工要点及外部观感要求三个方面提出详细的控制要求，使《输变电工程工艺标准库》应用率达到100%。

在《国家电网公司 220 kV 变电站通用设计》220-A1-1 方案基础上，我进一步整合资源，优化布置，准确定位"两型一化"智能变电站各项功能，将其设计成安全可靠，运行灵活、投资合理的智能化变电站。我带领设计团队，主要从先进性和创新性方面入手，不断优化设计方案。首先，设计手段先进。首次将三维设计手段应用于变电站初步设计和施工图设计阶段，建立主要电气设备、建构筑物的三维模型。实现带电距离校验及碰撞检查，助力实现设计零变更。优化设备布置，实现工程量精准统计，明显降低工程实施的风险。作为河北公司第一个模块化变电站，防火墙、围墙及建筑物均采用装配式结构，无需二次饰面，顶部设置阈值压顶，提高施工效率，节约工期；对建筑物室内墙面、地面进行二次深化设计，保证施工效果美观。其次，在创新性方面，通过三维设计进行电缆敷设，优化电缆走向布置，终期减少 35 kV 电缆约 200 米，减少 35 kV 出线电缆沟 40 米；优化集成站控层应用功能，将保护及故障信息子站站端功能集成于监控系统；将站内 SCADA 信息、保护信息和图模信息整合，通过多功能数据通信网关机上传；主变压器本体智能组件功能集成，主变压器本体智能组件装置采用板卡独立、共电源，实现了本体非电量保护、有载调压等功能的集成整合；采用基于光纤配线箱、预制光缆和预制光电复合缆的变电站光缆整合方案与光纤配

线箱标准配置方案。通过光缆整合，减少光缆数量50%以上，减少现场敷设工作量及缆沟截面，从而降低本站全寿命周期造价。通过这次试点工程技术方案的设计，我感觉自己在电网设计专业思想上有了新突破，在工程设计深度上有了更高的提升。

三、人生的蜕变——技术水平的飞速提升

随着时代的进步，电气设备也在不断推陈出新，一代代更迭，但是我们设计人员却始终跟随着时代的脚步，保持一丝不苟的精神，以不变应万变。在我整个职业生涯中给我留下最深刻印象的是盐化工220 kV新建变电站。盐化工站是结合邢台盐化工园区的电网规划，为改善地区电网结构，提高供电可靠性而建设的重要变电站。围墙内占地面积为0.703 2公顷，总建筑面积4 206.57平方米。终期规划建设3×180 MVA三卷变压器，本期建设2台，电压等级220/110/35 kV。220 kV规划出线6回，本期4回；110kV规划出线12回，本期8回；10 kV规划出线12回，本期8回。每台主变低压侧安装3×10 Mvar无功补偿电容器，1×10 Mvar无功补偿电抗器。

在应用国网公司通用设计成果的基础上，运用"全寿命周期管理"理念，对设计方案进行优化创新，积极应用新设计、新技术、新设备，全过程强化"标准工艺"应用，根据《国家电网公司输变电工程工艺标准库》，确定实施方案。

在整个方案设计过程中，我主要从可行性、可靠性、安全性三个维度，对技术方案进行优化。首先，优化110 kV主接线，通用设计中110 kV系统采用双母线接线。双母线接线运行方式灵活，可靠性高，但接线复杂，元件数量多，经济性较差，尤其对于GIS而言，间隔扩建或母线侧隔离故障时都会引起全部母线停电，影响当地的工农业生产。基于这种情况，我们通过科学排列架空与电缆间隔顺序，避免出线交叉，将主接线优化成单母线三次分段接线，终期规模节省了15组隔离开关、35米母线。其次，优化整合全站建筑，由于本工程220 kV配电装置较通用设计减少两个出线间隔，同时优化了电

容器组尺寸，将220 kV配电楼长度由80.6米减少为77.5米。变电站南北方向由100米减少至95.8米。站址尺寸由通用设计100米×77.4米，优化为95.8米×73.4米。全站围墙内占地由0.744公顷（11.16亩）优化为0.703 2公顷（10.548亩），较通用设计减少0.041公顷（0.615亩），减少约5.5%。在满足电气设备安装、运行、检修的前提下，优化配电楼内各房间的平面布置，对房间的功能划分进行合理调整，合理压缩各房间尺寸，使平面布置更加紧凑合理，减少建筑面积和建筑体积，减少消防用水量和消防水池体积，有效降低投资。建筑面积由4 551.6平方米优化为4 206.57平方米，较通用设计减少345.03平方米，减少约7.6%。通过我们设计团队不懈的努力，盐化工220 kV变电站顺利投运且安全运行，其设计方案也通过层层选拔，最终获得国网河北电力有限公司优秀工程设计一等奖。

四、人生的升华——技术成果转化落地

每一个设计方案都需要千锤百炼。2020年，为统筹构建适应能源和数字革命融合发展趋势，推动能源互联网业务场景和关键技术落地，探索电网服务延伸，省公司提出建设河北南网第一个城市智慧标杆站，并委任我作为工程设总，对城市智慧标杆站的设计方案进行全面设计、把关。这对于我是一次机会，更是一次挑战。我作为设计总监迅速组建设计团队，先后赴各大优秀先进单位进行能源互联及建筑新技术调研，以"七位一体、九站合一"为设计立足点，促进多行业融合的新型城市智慧标杆站方案落地。为充分结合站址现状，满足变电站功能需求，我带领设计人员多次对变电站站址进行勘察，梳理周围环境，调研先进技术，对比相关智慧变电站方案。在新冠疫情暴发期间，我们设计团队克服自身困难，集中封闭办公。在堆满厚厚资料的办公桌上，团队成员并肩作战，曾为了方案的可行性争得面红耳赤，也曾为碰撞出思想火花而拍手相庆，最终确定了满足城市生活需求、数字发展需求、智慧用能需求的设计理念。

我们对裕翔站建筑结构全预制方案进行了专题研究。

考虑地下结构采用预制方案会大幅增加施工难度及工程成本，对减少施工工期及现场湿作业量等方面无明显效果，故建筑地下部分采用现浇混凝土方案。主变支墩采用预制方案，通过灌浆套筒连接方式置于预制楼板，最大限度契合了建筑结构预制理念。经计算，每个支墩重约 3 吨，采用 8 吨的小吨位吊车吊装即可。采用两项建造新技术：一是直立肋双折边楼承板，该楼承板比现浇楼板的钢筋绑扎工作量减少 60% ～ 70%，且底板美观无焊点；二是环槽铆钉，广泛应用于工业生产，如车身制造、铁路、建筑和集装箱，相比螺栓具有牢固耐用、永不松动、安装快速等优势。开放站点内外、地面上下空间，确保安全、高效运行的同时，最大限度提升空间利用率。变电站开放设计，取消围墙，与周围环境充分融合，"去除"工业化属性，形成通透式空间。开放地下空间，设置智慧停车场（站），助力现代城市"一站式"服务。我们在对变电站现场踏勘时发现非机动车道停放车辆较多，于是我们对周边停车需求进行了分析调研，区域停车缺口约 400 个。为有效利用地下空间，我们提出"变电站与地下停车场联建"模式。同时设计"共享 +5G、数据中心、换电"，助力城市数字化经济发展。

通过一次次的努力，我们打造出无数个优质方案，但是这些已经成为过去，我在想通过哪种方式，能把这些好的方案和技术形成可复制可推广的模板呢？通过不断摸索，我找到了答案。近两年，我不断开展标准化设计、模块化研究，针对电站二次系统、钢结构、小型集成化建筑、围护墙板、预制构筑物等进行深化应用研究，形成了系列成果，完成《河北南网 110 千伏输变电工程典型施工图》，补充了典型设计空缺，大大提高了专业设计的质量和效率。

随着三维设计技术在输变电工程中的作用日益凸显，我深深意识到我们在三维设计方面存在的不足。为推动公司输变电工程设计变革，我从源头开始，开展三维设计现状分析，对比浙江、江苏和上海等先进地区，发现自身差距，研判发展方向，建立河北公司层面施工图深度"三维设计 + 模块化建设"样板站，调研河北南网 110~220V 电压等级户内 / 外变电站新建工程近 5 年应用需求，形成 4 项施工图深度典型三维标准化通用设计方案（HE-220-A1-1、HE-220-A3-2、HE-110-A1-1、HE-110-A3-3）。通过对 4 项标准化方案进行直接参考或模块化调整，可实现三维设计方案快速实现。结合国网公司三维设计系列标准和三维设计平台特点，建立适合河北公司三维设计管理的系列标准体系，共编制《变电站三维设计平台电气设备模型库建库规范》等 12 项国网河北省电力有限公司三维设计系列规范（手册），用以进行相应技术指导。

我在不断追求技术水平提升的同时，也时刻关注新技术成果的转化。我认为，要锻炼人才，就得在理论和实践的不断碰撞中推陈出新。我主动承担了村级电网典型设计、明挖电缆隧道设计技术研究、10kV 及以下配电网设计标准化深化应用及评价模型研究、高土壤电阻率地区变电站接地网优化设计研究、实际冲击电压波形作用下变压器油击穿特性试验系统、模拟油浸倒立式 CT 末屏接地不良故障的试验系统等多项科技项目课题研究；负责完成的科技项目变电站水泥架构补强技术研究及应用获省公司科技成果一等奖，负责完成的课题省级电网企业基于三维设计的输变电工程设计管理提升、以质量提升为核心的"四建一体一驱动"电网工程三维设计管理体系构建获得省公司管理创新一等奖，负责完成的课题"创新村级电网设计，提升农村供电质量，践行企业社会责任管理创新"获河北省企业管理现代化创新成果三等奖。这些成果都在时刻提醒着我要在研究中找发展，只有不断创新才能有优秀的设计成果。

"青春奋斗不止，不负芳华无悔人生。"这是我写在笔记本扉页上的座右铭。我把奋斗看成一种精神，更是一种激励，我坚信只有凭借着这种乐观向上、勇于奉献的精神，才能创造电力设计行业中一个又一个的辉煌。爱岗敬业、开拓创新、脚踏实地，我会一直在人生路上不忘初心，勇往直前，不断迈向新的征程。

盐化工 220 千伏新建变电站

建设地点：河北省邢台市
设计 / 竣工：2014 年 /2016 年
获奖情况：2020 年度河北省工程勘察设计
咨询协会工程奖类一等奖

　　本工程根据当地高污秽等级的特点，参照并优化国家电网公司典型设计，采用户内 GIS 站设计方案，占地面积较同等规模的常规敞开式配电装置节省 60% 以上。通过合理布置、优化主接线方案、配电装置布置等措施，选用高可靠性设备、节能型设备，节约了占地面积，减小了运行维护费用，降低了土建工程量，大大降低了工程造价。

龙泉 220 千伏新建变电站

建设地点：河北省邢台市
设计 / 竣工：2017 年 /2019 年
获奖情况：2021 年度河北省工程勘察设计
咨询协会工程奖类一等奖

本工程全面贯彻"两型一化"设计理念的变电站，各专业明确了其作为工业性设施的定位，详细分析功能需求，追求基本功能和核心功能。本站的建设不但可以有效解决长期存在的 110 千伏及 35 千伏变电站单电源问题，改善区域电网结构，并且为新增 110 千伏电铁牵引站提供接入工程。本站于 2019 年 12 月建成投运，运行情况良好，得到各相关部门的一致肯定。

（台城）胡林 220 千伏新建变电站

建设地点：河北省衡水市
设计/竣工：2015 年/2018 年
获奖情况：2019 年度河北省工程勘察设计
咨询协会工程奖类一等奖

本工程按照智能变电站、无人值班设计，整站采用 IEC 61850 协议，主要网络双重化配置，站控层设备按照一体化监控系统要求配置，配置交直流一体化系统和变电站智能辅助控制系统。本站科学、合理选择设备结构型式和主要参数以降低设备能耗。选择户外 GIS 等免维护或少维护设备，具有较强环境适应能力的同时，缩减了配电装置占地。

无极东 220 千伏新建变电站

建设地点：河北省石家庄市
设计/竣工：2015 年/2020 年
获奖情况：2022 年度河北省工程勘察设计
咨询协会工程奖类一等奖

本工程通过优化 110 千伏主接线及总平面布置，对电缆设施、站内一体化监控平台集成等进行全方位优化，达到了高水平设计标准。工程建设时应用了较多的基建新技术，主要有智能组件装置整合技术、智能变电站光缆优化整合方案、变电站 GIS 汇控柜航空插头应用技术、变电站户外智能控制柜环境控制应用技术等。先进技术的应用使得该站兼顾经济性与环境效益。

翟固（肥乡）220 千伏新建变电站

建设地点：河北省邯郸市
设计 / 竣工：2013 年 /2015 年
获奖情况：2017 年度河北省住房和城乡建设
厅授予工程奖类一等奖

本工程以"达标投产、创优质工程"为质量目标，运用全寿命周期管理理念，对设计方案进行优化创新、积极应用新设计、新技术、新设备，全过程强化"标准工艺"应用。设计在提高经济效益的同时，兼顾社会效益，注重环境保护、减少水土流失，遵循可持续发展的科学理念，尽可能的保护当地生态环境，减少拆迁和占地。

夏庄 220 千伏变电站改造工程

建设地点：河北省邯郸市
设计 / 竣工：2011 年 /2012 年
获奖情况：2015 年度河北省优秀工程勘察设
计奖评审委员会工程奖类一等奖

本工程通过优化主接线方案、合理布局，选用高可靠性设备、节
能型设备，占地指标得到很大优化，较同等规模的常规敞开式变电站
节省 80% 以上，有效解决了当地土地资源紧缺、征地困难的问题。同时，
各专业明确了其作为工业性设施的定位，详细分析功能需求，以满足
基本功能和核心功能为出发点，摒弃多余功能设施。

图书在版编目（CIP）数据

河北省工程勘察设计行业领军人才丛书 . 2022 年卷
河北省工程勘察设计咨询协会主编 . –– 天津：天津大学
出版社，2023.10
　　ISBN 978-7-5618-7595-7

　　Ⅰ . ①河… Ⅱ . ①河… Ⅲ . ①建筑工程－工程技术人
员－生平事迹－河北－ 2022 Ⅳ . ① K826.16

　中国版本图书馆 CIP 数据核字 (2023) 第 176083 号

HEBEISHENG GONGCHENG KANCHA SHEJI HANGYE LINGJUN
RENCAI CONGSHU—2022 NIAN JUAN

策划编辑　郭　颖
责任编辑　郭　颖
装帧设计　谷英卉　　刘　玲

出版发行　天津大学出版社
地　　址　天津市卫津路 92 号天津大学内（邮编：300072）
电　　话　发行部：022-27403647
网　　址　www.tjupress.com.cn
印　　刷　北京华联印刷有限公司
经　　销　全国各地新华书店
开　　本　889mm × 1194mm　1/16
印　　张　13.75
字　　数　391 千
版　　次　2023 年 10 月第 1 版
印　　次　2023 年 10 月第 1 次
定　　价　156.00 元